动物繁殖学实验指导

U0302613

主　编　李纯锦

陈　璐

编　委（按姓氏汉语拼音排序）

陈　璐（吉林大学）

李纯锦（吉林大学）

李丹丹（吉林大学）

李万宏（兰州大学）

孙少琛（南京农业大学）

熊　波（南京农业大学）

王　军（吉林农业大学）

王春强（锦州医科大学）

科 学 出 版 社

北　京

内 容 简 介

　　本教材共设计了 10 个实验，内容涵盖动物生殖生理、繁殖技术等方面内容，既结合当前教学生产实际，又兼顾学科的最新研究进展，旨在推动学生在掌握扎实理论知识的基础上，具备解决生产一线问题的能力和探究及解决新问题的学术视野；同时，为突显以学为中心的教学理念并支撑该理念下教师的教学设计，教材增加了实验前测和实验后差异化作业，前者可以作为学生自主学习资料帮助学生回顾理论知识，后者可供教师组织小组研讨、线上研讨等教学活动之用。

　　本书可作为动物生产相关专业课程的实验课程教材，亦可作为从事该领域教学的教师、科研人员、生产领域工作人员和对生命科学感兴趣读者的参考用书。

图书在版编目（CIP）数据

动物繁殖学实验指导 / 李纯锦，陈璐主编 . —北京：科学出版社，2022.10

　ISBN 978-7-03-073499-0

Ⅰ.①动⋯　Ⅱ.①李⋯　②陈⋯　Ⅲ.①动物－繁殖－实验－教材
Ⅳ.① S814-33

中国版本图书馆 CIP 数据核字（2022）第190261号

责任编辑：周万灏 / 责任校对：严　娜
责任印制：张　伟 / 封面设计：蓝正设计

科 学 出 版 社 出版
北京东黄城根北街 16 号
邮政编码：100717
http://www.sciencep.com

北京凌奇印刷有限责任公司 印刷
科学出版社发行　各地新华书店经销

*

2022 年 10 月第　一　版　　开本：720×1000　1/16
2022 年 10 月第一次印刷　　印张：5 3/4
字数：91 000

定价：29.80 元
（如有印装质量问题，我社负责调换）

前　言

　　动物繁殖学是动物科学专业中一门重要的专业基础课。它既是一门理论课，也是一门实践性很强的课程，与生命科学领域中的多个学科，如分子生物学、细胞生物学、生物化学等有着紧密关系。随着生命科学的快速发展，一些新技术被应用到动物繁殖领域，帮助我们更加深入地认识动物繁殖生理机制；同时，也衍生出了一些先进的动物繁殖调控技术，提高了动物繁殖效率。为了培养学生的实践能力和创新精神，适应行业对动物科学领域高素质人才的需求，更好地推进"新农科"建设，我们组织国内相关高等院校的动物繁殖学专家们编写了《动物繁殖学实验指导》教材。

　　本教材的编写具有以下几个特点：

　　（1）实验内容和设置紧扣周虚教授主编《动物繁殖学》（科学出版社）教材的相关内容，删减了一些陈旧实验，增加了融合现代生物技术的新实验。

　　（2）教材以中英文双语编写，帮助学生更好地理解专业术语和掌握专业英语，同时也增加了教材的国际化水平。

　　（3）部分实验强化设计操作，通过学生自选、自学、自做和老师的启发引导，激发学生的实验积极性和创造能力。

　　本书的出版得益于全体编写人员的合作和奉献精神。科学出版社的刘丹编辑、林梦阳编辑为本教材的出版给予了大量帮助，在此表示衷心感谢。

　　由于编者的水平有限，书中难免存在一些疏漏，诚请读者批评指正，以便再版时加以完善。

主　编

2022 年 5 月于长春

目　录

家畜生殖器官解剖结构及组织学切片观察

【实验前测】

（1）以下雌性和雄性动物生殖器官解剖模式图 1-1，图 1-2 上，各箭头所指部位是什么？请选择正确答案填写在横线处。

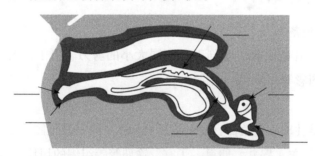

图 1-1　雌性动物生殖器官解剖模式图
（仿自 www.realityworks.com/product-category/agriculture/）
A. 卵巢；B. 输卵管；C. 子宫；D. 宫颈；E. 阴道；F. 外阴

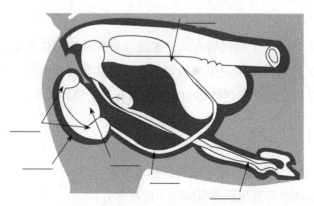

图 1-2　雄性动物生殖器官解剖模式图
（仿自 www.realityworks.com/product-category/agriculture/）
A. 睾丸；B. 附睾；C. 阴囊；D. 输精管；E. 尿道；F. 阴茎

（2）公畜的生殖器官主要包括哪些部分？

（3）母畜的生殖器官有哪些？其形态分别是什么？

（4）输卵管一般可划分为哪几段？各有什么作用？

【学习目标】

（1）能够在标本上指出雌性、雄性家畜生殖器官的位置、形态、结构及各组成部分的相互关系。

（2）能够规范操作显微镜观察组织切片，并绘制睾丸、卵巢、子宫、输卵管等的显微镜下形态图。

【实验仪器设备及材料】

1. 仪器设备

护目镜、乳胶手套、解剖刀，不同大小的剪刀、镊子，卷尺、搪瓷盘、显微镜、绘图彩笔、A4纸、拍照设备。

2. 材料

雌性、雄性动物生殖器官浸制或新鲜标本、模型及挂图（幻灯片），动物（猪、马、牛、羊）睾丸、卵巢、子宫、输卵管等组织的切片、组织图片（幻灯片）。

【实验原理】

繁殖是生物体产生后代的方式，雄性和雌性动物的生殖器官具有不同的解剖结构。虽然每种动物的生殖器官都有适应其繁殖活动的独特特性，但所有动物的生殖器官均在解剖结构和功能上具有一定的共同点。

【实验内容】

1. 雄性动物生殖器官浸制或新鲜标本观察

借助标本观察公畜生殖器官的以下组成部分：

1）睾丸　　睾丸为长卵圆形，一般均成对存在。不同种家畜的睾丸大小、重量有较大差别。绵羊、山羊、猪的睾丸相对其他家畜较大，牛、马的左侧睾丸稍大于右侧，其他动物的左右睾丸大小无固定差别。猪的睾丸重量一般为900～1000g，猫睾丸重4～5g，家兔睾丸重5～7g。

牛、羊睾丸长轴方向与地面垂直，附睾位于后缘，头端在上，尾端在下；猪睾丸位于股部之后，其长轴方向与地面呈一定角度，为前低后高倾斜状，附睾位于睾丸的背外缘，头端朝向前下方，尾端朝后上方；马、驴睾丸的长轴方向与地面平行，附睾位于睾丸的背外缘，头端在前，尾端在后。

2）副性腺

（1）精囊腺。成对存在，位于膀胱颈背面的两旁，输精管末端的两侧。

马的精囊腺为长圆形囊状，其黏膜层含分支的管状腺；牛、羊精囊腺的排泄管和输精管共同开口于尿道；牛、羊和猪的精囊腺都是由紧密的叶状腺体组织所构成，猪的精囊腺特别发达；狗、猫、骆驼没有精囊腺。精囊腺分泌的黏稠液体，稀释浓度较大的精子，其中所含的果糖是精子的主要能量来源。

（2）前列腺。位于膀胱颈尿道开始处精囊腺之后。

马的前列腺有两个侧叶，这两个侧叶通过"峡"部相连，形似蝴蝶状，它并不位于尿道的周围，而是位于尿道的背面左右两侧。牛和猪的前列腺分为体部和扩散部两部分，体部一般较小，但肉眼可见，它会延伸至尿道盆骨部；而扩散部较大，它位于尿道海绵体和尿道肌之间，其腺管成行开口于尿生殖道内。羊的前列腺最不发达，只有弥散部，且被尿道肌包围，故从外表观察不到。牛的前列腺是复合管状的泡状腺体，休部和扩散部肉眼都能观察到。

（3）尿道球腺。位于骨盆出口附近的尿道两旁，各有一个排出管开口于尿道内。

猪的尿道球腺最为发达，体积最大，呈圆柱状，表面覆盖较薄的尿道肌。其他家畜尿道球腺呈球状，如马、牛、羊等，其中牛羊的尿道球腺深藏于海绵肌内，其他家畜表面覆盖的尿道肌较厚。在尿生殖道骨盆部的腹面中线上作纵行切口，观察尿道上壁的精阜可发现射精孔。前列腺的开口在两侧，尿道球腺的开口在其后方。

3）阴茎和龟头　阴茎由勃起组织及尿生殖道阴茎部组成，勃起组织由白膜内的两个阴茎海绵体和其腹面的尿道海绵体组成。龟头为阴茎前端的膨大部，主要由龟头海绵体构成。马的阴茎长而粗大，龟头窝内有尿道突，呈两侧稍偏的圆柱状，龟头钝而圆，外周形成龟头冠；牛的阴茎在阴囊之后形成一"S"状弯曲，龟头较尖，且沿着纵轴呈螺旋状；羊的阴茎比牛的细小；绵羊的尿道突细长；山羊的尿道突较短，其龟头呈帽状隆起，尿道突出于龟头前方；猪的阴茎"S"状弯曲在阴囊之前，龟头呈螺旋状，上有一浅的螺旋沟。

4）包皮　　包皮是由游离皮肤凹陷而发育成的阴茎套，在不勃起时，阴茎位于包皮腔内。牛包皮较长，包皮腔长约37cm；马的包皮形成内外二鞘，有伸缩性，勃起时，被拉展，紧贴于阴茎表面；猪的包皮腔很长，背侧壁有一圆孔通入包皮憩室，里面常有异味的浓稠液体。包皮上的管状腺分泌油脂性物质，与脱落的上皮细胞和细菌一起形成了包皮垢，通常有一定的异味。

2. 雌性动物生殖器官浸制或新鲜标本及组织切片观察

借助标本观察母畜生殖器官的以下组成部分：

1）性腺（卵巢）

（1）马的卵巢。为豆形，体积如鸽蛋大，成熟后卵巢的一边（自由边）内陷形成排卵窝，朝向内侧的输卵管伞为马属动物所特有。发情周期的不同时期马卵巢的直径大小不等。中等大小的母马卵巢平均长4cm、宽3cm、厚2cm。

（2）牛的卵巢。其位置在两侧子宫角尖端的外侧下方，为椭圆形，附着在卵巢系膜上，其附着缘上有卵巢门，血管、神经由此出入。牛卵巢没有排卵窝，如青枣大，排卵以后多不形成红体，黄体往往突出于卵巢表面。牛的卵巢长约3.5cm、宽约2cm、厚约2.5cm。

（3）羊的卵巢。比牛的圆，体积也小，长约1.3cm，宽、厚约1cm，其他特点同牛。

（4）猪的卵巢。有很发达的卵巢囊，卵巢和输卵管伞有时被包在卵巢囊内，其形状随机体成熟的程度而有很大不同。幼小母猪卵巢的形状极似肾脏，表面光滑，左侧稍大；接近性成熟时为桑葚形，出现许多突出于表面的小卵泡和黄体；达到性成熟时其上有大小不等的卵泡、红体或黄体突出于表面，似串状葡萄。

不同家畜卵巢大小见表 1-1。

表 1-1　不同家畜卵巢的大小

大小	物种			
	牛	羊	马	猪
长	3～4cm	1～1.5cm	4cm	2cm
宽	1.5～2cm	0.8～1cm	3cm	1.5cm
高	2～3cm	0.8～1cm	2cm	1cm

2）输卵管　输卵管从卵巢端到子宫端分别为：靠近卵巢端扩大呈漏斗状的漏斗部、壶腹部、壶峡结合部、峡部、靠近子宫端与子宫相连的宫管结合部。漏斗部的边缘会形成许多褶皱，像伞一样，称为输卵管伞，它的作用主要是接受从卵巢上排出的成熟卵子。壶腹部是精卵受精部位。猪、马的宫管结合部比较明显；牛、羊的宫管结合部不明显，原因是它们的子宫角尖端较细，与输卵管的直径几乎一样。

同学们应观察不同种动物输卵管的形状及其与卵巢、子宫角的关系，比较它们之间的不同和相同之处：如马的输卵管有很多弯曲，伞较发达；牛、羊的输卵管弯曲较少，伞不发达；猪的输卵管有许多小弯曲，输卵管伞最发达。

3）子宫　子宫在母畜体内一般分为 3 部分：子宫角、子宫体、子宫颈。它是母畜孕育生命最重要的场所。其作用有：运送精子和胎儿娩出，精子获能和胎儿发育的场所，对卵巢机能的影响，子宫颈控制着子宫的门户，子宫颈也会对精子的进入具有很强的选择性。牛羊的纵隔明显，两个子宫角被明显分开，称为对分子宫；马、猪的纵隔不明显，称为双角子宫。子宫角一般有大小两个弯，小弯可供子宫阔韧带附着。子宫颈前端以子宫口和子宫体相连，后端突出于阴道内。

（1）马的子宫。其整个子宫呈"丫"形，子宫角为扁带状。小弯在上，大弯在下，子宫颈外口突入阴道，子宫颈的肌肉层比较薄，管道比较粗，长5～7cm。子宫体较其他家畜的发达。

（2）牛、羊的子宫。其子宫角的形状如同弯曲的绵羊角，大弯向上，小弯向下，子宫黏膜上有子宫阜，每个绵羊约有 900 个，山羊 150 个左右，且羊子宫阜的中央有一个小的凹陷。牛、羊子宫颈的肌肉层发达、坚硬，管道细且有大而厚的皱襞，子宫颈外口突出于阴道，牛的子宫颈长约 5～10cm。

（3）猪的子宫。其子宫角长且有许多弯曲，最长可达 1.5 米左右，子宫颈与子宫体、阴道没有明显界限，子宫颈管的黏膜上有两排交错的突起，长10～18cm。

4）阴道　阴道是由阴道穹隆至处女膜（阴道外口）的管道部分，是交配器官亦是胎儿分娩的通道，不同动物阴道长度不同（表 1-2）。其背侧为直肠，腹侧为膀胱和尿道，形状为扁平的缝隙，靠近子宫部有子宫颈的突出部分。

表 1-2　不同家畜阴道长度

物种	阴道长	物种	阴道长
猪	约 10cm	牛	22cm
羊	8～14cm	马	15cm

5）外生殖官　雌性动物外生殖器官包括尿生殖前庭、阴唇及阴蒂。

（1）尿生殖前庭由处女膜至阴门的部分，前高后低，稍微倾斜。在前庭两侧壁的黏膜下有前庭大腺，为分支管状腺，发情时腺体分泌增强。不同动物尿生殖前庭的长度见表 1-3。

表 1-3　不同家畜尿生殖前庭的长度

物种	尿生殖前庭长	物种	尿生殖前庭长
羊	2.5～3cm	牛	约 10cm
猪	5～8cm	马	8～12cm

（2）阴唇分左右两片构成阴门，其上下端联合形成阴门的上下角；两阴唇间的开口为阴门裂，阴唇的外面为皮肤，里面是黏膜，二者之间有阴门括约肌及大量结缔组织。

（3）阴蒂是雌性动物生殖道的最后一部分。由两个勃起组织构成，相当于雄性动物的阴茎，可分为阴蒂脚、体、头三部分，阴蒂头相当于公畜的龟头，富含感觉神经。

3. 雄性动物性腺组织学切片观察

1）低倍镜观察睾丸

（1）被膜由浆膜和白膜构成。外层膜为一层较薄的固有鞘膜，即浆膜；内层是白膜，由较厚的致密结缔组织构成。

（2）纵隔是由睾丸的一端伸向睾丸实质的结缔组织索，它再向四周发出许多放射状的结缔组织小梁直达白膜，形成中隔。

（3）小叶由中隔将睾丸实质分成许多基部向外、顶端向内的锥形小叶，每个小叶内有一条或数条盘曲的精细管。精细管之间有疏松的结缔组织，精细管内含有血管和间质细胞。精细管在各小叶尖端汇聚。

（4）附睾是由精细管汇合成的直精细管，穿入睾丸纵隔的结缔组织，形成弯曲的睾丸网，睾丸网又分出20条左右的睾丸输出管，汇入附睾头的附睾管中，附睾头也由结缔组织分成若干附睾小叶，各附睾小叶的管子汇成附睾管，经附睾体、附睾尾最后过渡为输精管。

2）高倍镜观察睾丸　　从睾丸小叶中仔细观察精细管及间质细胞的结构和形态。精细管管壁由外向内由结缔组织、基膜和复层的生殖上皮构成。生殖上皮又由生精细胞、足细胞和间质细胞组成。

仔细观察精细管中支持细胞的形态，精子发生各阶段细胞的形态特征：

（1）支持细胞存在于精细管内部的重要细胞，又称足细胞和塞托利细胞，为高柱状或锥状细胞。从基膜一直伸达精细管的管腔，该细胞高低不等，界限不清，胞核较大，位于细胞基部，着色浅，核仁明显。支持细胞的游离端常嵌含有许多精子，其侧面嵌含各个发育阶段的生精细胞，并对生精细胞起支持、营养、保护、促使其发育的作用。若足细胞失去功能或损坏，精子便不能发育成熟。

（2）间质细胞位于精细管之间，其内含有大量的滑面内质网、线粒体、脂滴。间质细胞主要产生雄激素，还产生少量的雌激素，雄激素具有促进性成熟、生殖器官发育、精子生成、第二性征的维持等作用。

（3）精原细胞是精子形成过程的干细胞，位于基层，紧贴基膜，体积较小，形状为多边形或圆形，核大而圆，染色质着色较深。精原细胞在增殖期会大量分裂增加，其中一部分作为储备干细胞，另一部分分化为初级精母细胞。

（4）初级精母细胞由精原细胞分化而成，位于精原细胞内侧，排列成几层，细胞呈圆形，体积较大，细胞核呈球形，经第一次减数分裂形成两个次级精母细胞。

（5）次级精母细胞由初级精母细胞分裂而成，位于初级精母细胞内侧，细胞体积较小，呈圆形，细胞核为球形，染色质呈细粒状，不见核仁，染色体数目减半。由于其存在时间很短，很快经过第二次减数分裂成为两个精子细胞，因而在切片上一般很难找到。

（6）精子细胞由次级精母细胞分裂而成，位于次级精母细胞内侧，靠近精细管的管腔，排成数层，细胞呈圆形，体积更小，胞质少，核小呈球状，染色深，核仁清晰，胞质少，内含中心粒、线粒体、高尔基复合体等细胞器。精子细胞不再分裂，在支持细胞顶部经过变态过程形成精子。

（7）精子由精子细胞变态形成，位于精细管的管腔内，刚形成的精子头部常深入支持细胞游离端，尾部朝管腔，随着精子发育成熟，便脱离支持细胞，游离在管腔内，随后进入附睾。精子分头、颈、尾三部分，形似蝌蚪，头部多呈扁卵圆形，染色深。

（8）附睾管管壁由环形平滑肌纤维、单层或部分复层柱状纤毛上皮和基底细胞组成。基底细胞紧贴基膜，外形为圆形或卵圆形，染色较浅，核呈球形；柱状纤毛有分泌作用；精子在附睾管内借助分泌液，通过纤毛运动和管壁蠕动来运行。

4. 雌性动物生殖器官组织学观察

1）卵巢　　卵巢的组织由被膜、皮质和髓质部组成。

A. 低倍镜观察

（1）卵巢表面由特殊的生殖上皮被覆，生殖上皮多为单层立方形细胞组成，称为被膜。生殖上皮下面有一层致密结缔组织形成的白膜。

（2）皮质位于卵巢的外周，占大部分，与髓质无明显界限，其内含有卵泡、卵泡的前身和排卵后物质（红体、黄体、白体）。皮质部的结缔组织含有许多成纤维细胞、胶原纤维、网状纤维、血管、淋巴管、神经、平滑肌纤维等。

（3）髓质位于卵巢的中央（马属动物例外），由富有弹性纤维的疏松结缔组织构成，内有大量的血管、淋巴管和少量平滑肌纤维，它们由卵巢门出入，所以卵巢门上一般没有皮质。

B. 高倍镜观察

主要观察卵巢皮质部不同发育阶段的卵泡，每个卵泡都由位于中央的卵母细胞和围绕在卵母细胞周围的颗粒细胞和位于外层的卵泡膜细胞组成。

（1）原始卵泡位于生殖上皮层内，中间为一卵原细胞，周围由一层扁平卵泡颗粒细胞所围绕。

（2）初级卵泡呈球形，卵原细胞位于卵泡中央，周围包有一层立方或柱状的卵泡颗粒细胞。卵原细胞的体积较大，中央有个圆形的泡状核，核内染色质较少，着色较浅，核仁明显。

（3）次级卵泡主要变化是卵原细胞体积增大，卵母细胞和颗粒细胞共同分泌出黏多糖，聚集在颗粒细胞与卵黄膜之间形成透明带。

（4）三级卵泡。出现小的卵泡腔，随着卵泡的生长，许多小腔合并为一个大的卵泡腔；卵母细胞被挤向一边，并包裹在一团颗粒细胞中，形成半岛突出在卵泡腔内，称卵丘；在颗粒层外周形成两层卵泡膜；卵的透明带周围的柱状上皮细胞呈放射状排列，称为放射冠，放射冠细胞有微绒毛，伸入透明带内。

（5）成熟卵泡。三级卵泡继续生长，卵泡液增多，卵泡腔增大，卵泡扩展到整个皮质部而突出于卵巢表面。

（6）黄体是排卵后的卵泡转变成的富于血管的内分泌器官，牛、羊、猪的黄体位于卵巢皮质，突出于卵巢表面；马的黄体则完全埋藏在卵巢基质内。黄体由颗粒黄体细胞和泡膜黄体细胞组成，颗粒黄体细胞占多数，大部分位于黄体中间，细胞呈多面体，着色浅，排列紧密，含有球形细胞核；泡膜黄体细胞则小，大部分位于黄体外周，包在颗粒黄体细胞外周或位于其之间，核占胞体的大部分，核与胞质染色较深。

（7）闭锁卵泡。卵巢内在各发育阶段逐渐退化的卵泡叫闭锁卵泡，即退化的卵母细胞存在于未破裂的卵泡中，可观察到萎缩的卵母细胞和膨胀塌陷的透明带。

2）子宫

A. 低倍镜观察

子宫组织从内向外由黏膜、肌层、浆膜组成，且浆膜与子宫阔韧带的浆膜相连。

B. 高倍镜观察

子宫黏膜由柱状上皮细胞和固有膜构成，上皮细胞插入固有膜内形成子宫腺，固有膜内含大量淋巴、血管和子宫腺。子宫腺为简单、分支、盘曲的管状腺，一般在子宫体较少，而在子宫角较多。子宫颈皱襞内有少量腺状结构，其余部分为柱状细胞，可分泌黏液。发情时分泌的黏液稀薄、透明；妊娠后分泌的黏液浓稠，可以封闭子宫颈口，起到保胎的作用。反刍动物在子宫黏膜表面，有子宫阜或子叶。

3）输卵管

A. 低倍镜观察

从外向内由浆膜、肌层和黏膜层组成，肌层可分为内外两层，内层为环形肌或螺旋形肌，外层为纵行肌束，混有斜行纤维；从卵巢到子宫端，输卵管慢慢增厚。输卵管壶腹部内有许多纵襞，马的壶腹部次级纵襞多达 60 余个。

B. 高倍镜观察

黏膜层有柱状纤毛细胞和无纤毛的楔形细胞，柱状纤毛细胞越近输卵管端越普遍，它可以向子宫方向摆动，有助于卵细胞向子宫方向移动。无纤毛的楔形细胞为分泌细胞，含有特殊的分泌颗粒，分泌黏蛋白和黏多糖，供给早期胚胎营养。

【作业】

1. 个人作业

（1）简述各种雄性、雌性家畜生殖器官的形态构造、尺寸和活体位置。

（2）绘制任一种雄性、雌性家畜的生殖器官构造图。

（3）任选一种感兴趣的生殖器官，并用英文对它的生理功能进行 3 分钟的简介。

2. 小组作业

每4位同学为一个小组，每人梳理马、牛、羊、猪四种母畜中任一种的生殖器官解剖构造，交流讨论它们之间的相同点和不同点，并绘制表格进行比较。

【实验前测参考答案】

（1）以下雌性和雄性动物生殖器官解剖模式图上，各箭头所指部位是什么？请选择正确答案填写在横线处（图1-3，图1-4）。

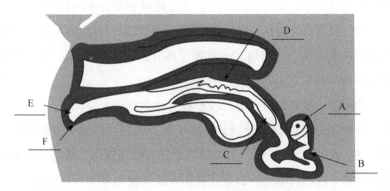

图 1-3 雌性动物生殖器官解剖位置答案
A. 卵巢；B. 输卵管；C. 子宫；D. 宫颈；E. 阴道；F. 外阴

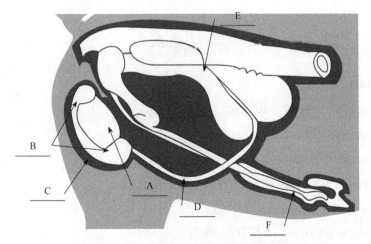

图 1-4 雄性动物生殖器官解剖位置答案
A. 睾丸；B. 附睾；C. 阴囊；D. 输精管；E. 尿道；F. 阴茎

（2）公畜的生殖器官主要包括哪些部分？

答：公畜的生殖器官主要包括四部分：①性腺，即睾丸；②输精管道，包括附睾、输精管、尿生殖道；③副性腺，包括精囊腺、前列腺、尿道球腺；④外生殖器官，即阴茎。

（3）母畜的生殖器官有哪些？其形态分别是什么？

答：包括三部分，性腺：卵巢；生殖道：输卵管、子宫、阴道；外生殖器官：尿生殖前庭、阴唇和阴蒂。性腺和生殖道也称为内生殖器官，外生殖器官也称外阴部。

卵巢：呈豌豆状，其上凹凸不平，大小因动物种类不同而异。

输卵管：呈弯曲的管状，存在于卵巢和子宫之间，靠近卵巢的1/3处较粗。

子宫：由子宫角、子宫体、子宫颈三部分构成；纵隔明显的是对分子宫，没有或不明显的是双角子宫。

（4）输卵管一般可划分为哪几段？各有什么作用？

答：一般划分为四段，分别是：漏斗部，收集从卵巢上排出的卵子；前1/3较粗，称为壶腹部，是精卵受精的部位；壶峡连接部，峡部，二者作用是运送受精卵到子宫进行着床；宫管连接部，连接输卵管与子宫相通。

（陈　璐）

英 文 拓 展

Vocabulary

- ovary［'əʊvəri］ n. 卵巢；子房
- oviduct［'əʊvɪdʌkt］ n. 输卵管
- uterus［'juːtərəs］ n. 子宫；复数：uteri
- cervix［'sɜːvɪks］ n. 子宫颈；复数：cervices
- vagina［və'dʒaɪnə］ n. 阴道
- vulva［'vʌlvə］ n. 阴户，外阴
- testis［'testɪs］ n. 睾丸；复数：testes

- epididymis［ˌepɪ'dɪdɪmɪs］　n. 附睾；复数：epididymides
- scrotum［'skrəʊtəm］　n. 阴囊
- vas deferens［ˌvæs'defərenz］　n. 输精管
- urethra［jʊ'riːθrə］　n. 尿道；复数：urethras；urethrae
- penis［'piːnɪs］　n. 阴茎
- spermatozoon［ˌspɜːmətə'zəʊən］　n. 精子；复数：spermatozoa
- androgens［'ændrədʒənz］　n. 雄性激素（尤指睾酮）

Animal Reproductive System

Male animals: The male reproductive system consists of four different parts, paired testes and genital ducts, accessory sex glands and the penis. The pair of testes produces spermatozoa and androgens. Several accessory glands produce the fluid constituents of semen. Long ducts store the sperm and transport them to the penis.

Female animals: Ovaries are the primary reproductive organs of the female reproductive system, which response for the secretion of hormones (estrogen and progesterone) and the product eggs. Eggs begin their maturation in the ovary inside a fluid filled cavity lined with estrogen secreting cells called a follicle.

The oviducts are part of the genital tract which connecting the ovaries with the uterus. Consequently, fertilization of the egg will occur in the upper region (first 1/3) of the oviduct. For both sow and cow, the uterus is Y-shaped consisting of a right and left horn both of which are connected to their corresponding oviducts. The junction of these horns forms the body of the uterus, which is also called womb, serves to transport sperm cells to the oviduct and provide nutrients and the environment for the developing fetus.

实验二

促性腺激素效价的生物学测定

【实验前测】

（1）促卵泡素（follicle-stimulating hormone，FSH）对雌性和雄性哺乳动物分别有什么作用？

（2）马绒毛膜促性腺激素（equine chorionic gonadotropin，eCG）的功能和特性是什么？

（3）为何 eCG 比曾用专业词汇：孕马血清促性腺激素（pregnant mare serum gonadotropin，PMSG）更精准？

（4）小鼠子宫、卵巢及输卵管的构造与位置是什么？

（5）小鼠腹腔注射的方法及操作要点有哪些？

【学习目标】

通过测定 FSH 或 eCG 的效价，掌握激素效价的生物学测定技术与分析方法。

【实验仪器设备及材料】

1. 仪器设备

1mL 注射器、4 号针头、0.1mL 微量注射器、微量移液器、酒精棉球、剪刀、镊子、搪瓷盘、解剖板、电子天平和鼠笼等。

2. 材料

健康的 24～28 日龄（即将达到性成熟日龄）、体重 9～13g 的同源雌性小鼠（注：各测试组及对照组都需 5 只小鼠，出生日龄相差不得超过 3d，体重相差不得超过 2g），用于测定的 FSH 或 eCG，生理盐水。

【实验原理】

激素效价常见的生物学测定方法有子宫增重反应，鸡冠发育反应，卵巢增重反应，排卵实验和阴道涂片检查等。本实验采用的是子宫增重反应。

FSH 为垂体促性腺激素，作用于即将达到性成熟年龄的雌性小白鼠，可促进卵巢上的卵泡发育，分泌雌激素。雌激素又可促进子宫、卵巢及整个生殖器官的发育和体积增大；eCG 是由 α 和 β 两个亚基组成的糖蛋白激素，具有 FSH 和促黄体素（luteinizing hormone，LH）的活性，对雌性动物具有促进卵巢、子宫发育和卵泡发育、成熟的作用。因此，用上述激素处理小鼠后，可以通过检测子宫增重进行其效价的生物学测定。一般将能使 60% 以上小鼠出现子宫增重反应的激素活性单位计为 1 个小鼠单位（MU）。

FSH 半衰期为 3～4h，eCG 是大分子糖蛋白，半衰期可达 40～125h，因此在测试效价过程中，FSH 需经多次注射，而 eCG 可作一次注射即能达到预期的生物效应。

【实验内容】

1. 溶液的稀释

激素常见为瓶装粉剂，在配制成不同浓度的测试液之前，需用生理盐水稀释成 1mg/mL 母液。当 1mL 母液的效价值被测定出后，即可换算出该瓶装内激素的效价值。取 0.2mL 母液加生理盐水 0.8mL 配制为稀释液，再取 0.1mL 稀释液，按表 2-1 所示加入不同量的生理盐水，即可配制成不同浓度的测试液。

在常温条件下，稀释后的 FSH 易失活，效价降低，因此在注射期间的 FSH 溶液应在 0～5℃下保存。测试组与实验组中的每只鼠每天注射 2 次，共注射 5 次，每次注射剂量应是总剂量的 1/5。各组每只小鼠于腹部皮下注射 0.2mL 稀释好的待测激素样本，对照组每只注射 0.2mL 生理盐水。

表 2-1　激素稀释倍数表

加生理盐水（mL）	溶液量（mL）	每只鼠注射量（mL）	注射鼠数（只）	稀释液中激素质量浓度（mg/mL）	实际注入鼠体内母液量（mL）
1.1	1.2	1/5	5	1/12	1/60
1.5	1.6	1/5	5	1/16	1/80
1.9	2.0	1/5	5	1/20	1/100
2.3	2.4	1/5	5	1/24	1/120
2.7	2.8	1/5	5	1/28	1/140
3.1	3.2	1/5	5	1/36	1/160
3.5	3.6	1/5	5	1/36	1/180
3.9	3.6	1/5	5	1/40	1/200
4.3	4.4	1/5	5	1/44	1/220
4.7	4.8	1/5	5	1/48	1/240

2. 注射

首先，吸取药品并去除气泡，可以将针头向上，吸取一段气体后，再缓慢排出气体，以达到去除气泡的效果。注射时，一只手抓住小鼠的尾巴向后拉，另一只手的大拇指和食指抓小鼠的头背部皮毛；同时，使小鼠的腹腔向上，将事先吸取好液体的注射器针尖平面朝上，平行扎入皮内后，注射器与腹腔呈45°刺入腹腔，感觉针尖部分可以移动，注射稀释好的药剂0.2mL，对照组注射生理盐水，注意注射量力求准确，不得使药液注射进胸腔、腹腔或逸出体外。

3. 剖检

于注射药液后72~76h用颈椎脱臼法处死小鼠，用图钉将小鼠固定于解剖板上，酒精棉球消毒，在脐与耻骨前缘中点向后沿腹底壁正中线切开皮肤2~3cm，皱襞切开腹白线及腹膜，打开腹腔；用镊子在切口下方找到子宫体及一侧子宫角，沿子宫角向前导出卵巢，摘除卵巢；同法摘除另一侧卵巢，同时在肾脏下方找到子宫，将子宫剥离取出，观察子宫增大情况并称量计数。

4. 效价确定

将各组子宫与对照组比较，每组5只小鼠中有3只或3只以上子宫增重一倍以上确定为阳性反应，即该浓度有效。根据各测试组中呈阳性反应的最低浓度效价值，换算出被测样品中 FSH 或 eCG 的小鼠单位。

假设稀释后浓度在 $1/X$ 以上各组均呈阳性反应，则 $1/X$ 浓度的测试组为呈阳性反应的最低浓度。实际注入鼠体内的被测样品药液量为 $1/X \cdot 1/5\text{mL} = 1/(5X)\text{mL}$，即 $1/(5X)\text{mL}$ 的被测样品可使雌性小鼠子宫呈阳性反应，确定为 1 个小鼠单位，则 1mL 被测样品可使 $5X$ 个雌性小鼠子宫呈阳性反应，每毫升被测激素中含有的生物效价为 $5X$ 个小鼠单位。

【作业】

1. 个人作业

根据解剖结果，计算测定样品中每毫升所含有的促性腺激素的小鼠单位。

2. 小组作业

选取一种其他促性腺激素，设计测定其效价的实验。

【实验前测参考答案】

（1）促卵泡素（follicle-stimulating hormone，FSH）对雌性和雄性哺乳动物分别有什么作用？

答：促卵泡素的生理作用主要是调节性腺功能，刺激卵泡发育、颗粒细胞分化和调节类固醇激素的合成并调节雄性动物睾丸细胞作用以及精子发生。

（2）马绒毛膜促性腺激素（equine chorionic gonadotropin，eCG）的功能和特性是什么？

答：子宫内膜杯状细胞分泌 eCG，不需要促泌激素，最特别的是具有促卵泡素和促黄体素双重生理活性。作为 LH 作用时，促进卵巢间质细胞发育，颗粒细胞黄体化；作为 FSH 作用时，促进卵泡成熟，卵巢生长；此外，还促进雄性动物曲细精管的发育，其分子质量为 53kDa，是一种糖蛋白激素，在已知的哺乳动物糖蛋白激素中糖基化程度很高，含量约为 45%。在所有哺乳动物的垂体或胎盘糖蛋白激素中，碳水化合物的含量最高。

eCG 包含两个相似的糖基化亚基，分别为 α 亚基和 β 亚基，α 亚基含有 N 链和 O 链糖基化位点，这些亚基是非共价结合的，但解离速度较慢。而 β 亚基是表现其活性的主要部分。eCG-α 由 96 个氨基酸组成，糖含量与 FSH-α 和 LH-α 相似，eCG-β 的亚基由 149 个氨基酸组成，类似人绒毛膜促性腺激素（human chorionic gonadotropin），两者都有一个 C 端延伸，除了常见的 *N-* 连接低聚糖外，β 亚基包含 4 到 6 个 *O-* 连接的碳水化合物链。马 α 亚基约 80% 与其他哺乳动物有同源性，在第 87 位和第 67 位的酪氨酸（tyrosine）和组氨酸（histidine）具有独特的易位性。

（3）为何 eCG 比曾用专业词汇：孕马血清促性腺激素（pregnant mare serum gonadotropin，PMSG）更精准？

答：马绒毛膜促性腺激素 eCG 又称孕马血清促性腺激素 PMSG。马的胚胎在怀孕的第 37 天左右才植入母体子宫内膜。此时，在胚胎束带中滋养层一些带状细胞侵入子宫内膜，并突破基底膜，形成子宫内膜杯（endometrial cup）。这种带状细胞迁移后形态转变成蜕膜样细胞（decidual-like cell），每一个子宫内膜杯都由密集的大型上皮双核细胞组成，紧密地散布在扩张的子宫内膜腺体中，并且母马血液中出现促性腺激素。这种激素来源于绒毛膜，因此称为绒毛膜促性腺激素，所以"马绒毛膜促性腺激素（eCG）"的称谓，比以前使用的孕马血清促性腺激素 PMSG 更准确。

（4）小鼠子宫、卵巢及输卵管的构造与位置是什么？

答：卵巢是产生卵子的器官，形似豆状，左右各一，位于肾脏下方。成年小鼠除妊娠期外，通常全年呈周期性排卵。

输卵管是卵子受精及通过的管道，呈盘曲状，左右各一条，位于卵巢与子宫角之间，前端喇叭口朝向卵巢，后端紧接于子宫。

子宫为"Y"字形，分为子宫角、子宫体和子宫颈。子宫角始于输卵管结合部，是胎儿发育的器官，沿体背侧面下行。左右子宫角在膀胱背面会合，形成子宫体。小鼠子宫体分前后两部，前部由中隔分开，形成两个单独的子宫，后部中隔消失，合二为一。左右子宫会合后于子宫颈末端突出于阴道，形如小丘。

（5）小鼠腹腔注射的方法及操作要点有哪些？

答：常见以下 5 种方法：

1）小鼠腹腔注射（intraperitoneal） 腹腔注射时右手持注射器，左手的小指和无名指抓住小鼠的尾部，另外三个手指抓住小鼠的颈部，使小鼠的头部向下。这样小鼠腹腔中器官就会因重力倒向胸部，防止注射器刺入时损伤大肠、小肠等器官；同时，进针的动作要轻柔，防止刺伤腹部器官，尤其是对于体重较小的小鼠，腹腔注射时针头可以在腹部皮下穿行一小段距离，最好是从腹部一侧进针，穿过腹中线后在腹部的另一侧进入腹腔，注射完药物后，缓缓拔出针头，并轻微旋转针头，防止漏液。液体外漏的主要原因是抓取小鼠时，腹部过紧而致腹内压过高所致，应该抓其颈部使其腹部皮肤松软，此时进针注射，不会外漏。小鼠腹腔注射的给药容积一般为 5～10mL/kg 体重。

2）皮下注射给药（hypodermic injection） 将药液推入皮下结缔组织，经毛细血管、淋巴管吸收进入血液循环的过程称为皮下注射给药。作皮下注射常选项背或大腿内侧的皮肤。操作时，常规消毒注射部位皮肤，然后将皮肤提起，注射针头取一钝角角度刺入皮下，把针头轻轻向左右摆动，易摆动则表示已刺入皮下，再轻轻抽吸，如无回血，可缓慢地将药物注入皮下。拔针时左手拇、食指捏住进针部位片刻，以防止药物外漏。注射量为 0.1～0.3mL/10g 体重。

3）皮内注射给药（intradermal injection） 将药液注入皮肤的表皮和真皮之间，观察皮肤血管的通透性变化或皮内反应，接种、过敏实验等一般用皮内注射。先将注射部位的被毛剪掉，局部常规消毒，左手拇指和食指按住皮肤使之绷紧，在两指之间，用注射器连接 4.5 号针头穿刺，针头进入皮肤浅层，再向上挑起并稍刺入，将药液注入皮内。注射后皮肤出现一白色小皮丘，而皮肤上的毛孔极为明显。注射量为 0.1mL/次。

4）肌肉注射给药（intradermal injection） 小鼠体积小，肌肉少，很少采用肌肉注射。当给小鼠注射不溶于水而混悬于油或其他溶剂中的药物时，采用肌肉注射。操作时一人固定小鼠，另一人用左手抓住小鼠的 1 条后肢，右手拿注射器，将注射器与半腱肌呈 90° 迅速插入 1/4，注入药液，用药量不超 0.1mL/10g 体重。

5）静脉注射给药（intravenous injection）　从笼中拉出小鼠尾巴，用左手抓住小鼠尾巴中部。小鼠的尾部有 2 条动脉和 3 条静脉，2 条动脉分别在尾部的背侧面和腹侧面,3 条静脉呈"品"字形分布，一般采用左右两侧的静脉。用 75% 酒精棉球反复擦拭尾部，以左手拇指和食指捏住鼠尾两侧并用中指从下面托起，以无名指夹住尾部末梢，右手持 4 号针头注射器，使针头与静脉平行（小于 30°），从尾部的下 1/4 处进针，开始注入药物时应缓慢，如果无阻力，无白色皮丘出现，说明已刺入血管，可正式注入药物。如需注射多次，注射部位应尽可能从尾端开始，按次序向尾根部移动，更换血管位置注射给药。注射量为 0.05～0.1mL/10g 体重。

（李丹丹）

英 文 拓 展

Vocabulary

- gonadotropin［ˌgɒnədəʊˈtrɒpɪn］ n. 促性腺激素
- estrogen［ˈiːstrədʒən］ n. 雌激素
- sexual maturity 性成熟

Determination of biological activity of gonadotropins

FSH belongs to the gonadotropin family, which plays an essential role in the mammalian reproductive process. It acts on female mice that are about to reach sexual maturity and promote the development of follicles on the ovaries and secrete estrogen. Under the action of estrogen, it can promote the development and enlargement of uterus, ovary and whole reproductive organs. eCG contains mainly FSH-like activity but also some LH-like activity, which can also promote the development and enlargement of uterus before sexual maturity. Determination of biological activity of gonadotropin hormones is essential in reproductive medicine and pharmaceutical manufacturing of the hormonal preparations.

人工授精器械的认识与假阴道的安装

【实验前测】

（1）公畜正常的性行为序列是什么？

（2）家畜人工授精的基本程序是什么？

【学习目标】

（1）能够描述不同家畜人工授精所用的采精和输精器械及其使用方法。

（2）能够准确完成假阴道的安装。

【实验仪器设备及材料】

1. 仪器设备

1）采精器材　牛、羊、马的采精用假阴道，猪手握法采精用橡胶手套，集精瓶，储精瓶等。

2）输精器材　牛、羊、猪、马输精器，阴道开张器，额灯和手电筒。

3）辅助器材　高压灭菌器、酒精灯、75% 和 95% 酒精棉球、长柄钳、镊子、玻璃棒、棒状温度计。

2. 材料

灭菌凡士林、滑石粉、来苏儿、洗衣粉、消毒纱布。

【实验原理】

人工授精是以人工的方法采集雄性动物的精液，经检查与处理后，再输入到雌性动物生殖道内，以代替公母畜自然交配而繁殖后代的一种繁殖技术。

人工授精是家畜繁殖技术的重大突破和革新，对提高家畜的繁殖效率和畜种改良效果起到了巨大的作用，人工授精技术已在世界范围内推广使用，近年来在经济动物和渔业中也得以扩展，充分显示出其发展潜力和前景。人工授精技术的基本程序包括采精、精液品质检查、稀释、分装、保存（液态保存及冷冻保存）、运输、解冻、检查与输精等环节。

采精是人工授精技术中最为重要的环节之一，目的是最大量地获得高质量的精子。采精方法目前有假阴道法、手握法、电刺激法、按摩法等。在输精环节，对于牛来说，采用借助阴道开张器的子宫颈输精法较为常用。对母猪的输精来说，由于母猪阴道与子宫结合处无明显界限，输精时不必用开张器，直接用输精管进行输精。对母马（驴）的输精，常用胶管导入法输精进行。对绵羊或山羊的输精，一般采用开张器输精法进行。

【实验内容】

1. 人工采精器械

1）假阴道　　为长筒状，由外壳、内胎和集精杯（管）三个主要部分组成。其粗细和长短因畜种而异，不同国家、不同时期的设计形式也不完全相同，如图 3-1。

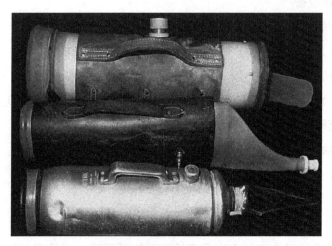

图 3-1　马用假阴道常见类型（Hafez et al., 2000）
从上往下，依次为科罗拉多式、密苏里式和日本式

（1）外壳。马的假阴道的外壳由镀锌铁皮或金属制成，分头、颈和体三部分，筒体的中部装有把柄，其侧面有吹气和注水、排水孔，并有封闭塞或橡胶带（图3-1）。牛、羊和猪的假阴道外壳一般为硬橡胶或塑料制成的圆筒，中部装有可吹气、注水和排水的开关（图3-2）。可吹气羊和猪用假阴道在注水开关处连接一个可向假阴道内打气的双链球，以调节压力（图3-3），这种假阴道也是多种家畜广泛应用的历时较长的假阴道，但是由于器具较多，消毒费时，另外由于内胎、气嘴等部位容易漏气，目前羊多采用新式注水假阴道（图3-4），而猪则采用手握法采集。

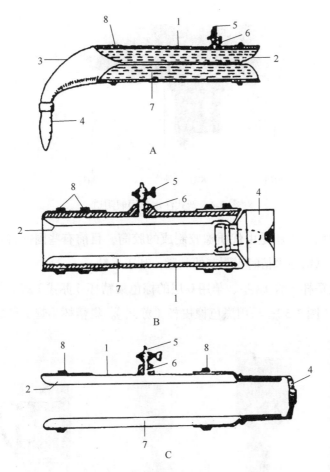

图3-2　假阴道模式图（张忠诚，2004）

A. 牛用；B. 羊用；C. 马用

1. 外壳；2. 内胎；3. 橡胶漏斗；4. 集精管（杯）；5. 气嘴；6. 水孔；7. 温水；8. 固定胶圈

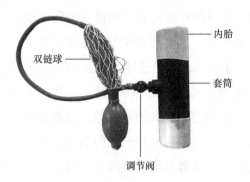

图 3-3　可吹气羊用假阴道图

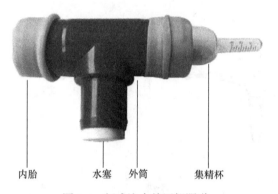

图 3-4　新式注水羊用假阴道

（2）内胎。内胎是由优质橡胶制成的胶筒，目前有些国家将其内胎面制成粗糙面，以增强采精时对阴茎的刺激，利于采精。

（3）集精杯（管）。牛、羊用双层的棕色集精杯（苏式）或有刻度的离心管（美式）（图 3-5）；马用黑色橡皮杯（苏式）。集精杯（管）可借橡皮圈直

图 3-5　牛、羊、鸡、猪集精管（杯）

接固定于假阴道的一端或借橡胶漏斗与假阴道连接。猪用集精杯一般用广口保温杯，当用手握法对公猪进行采精时，只需备一只乳胶手套和收集精液的容器即可。

2）输精器械　　输精器械主要为开张器、输精器和照明灯。

开张器有两种，一种是鸭嘴式（图3-6），另一种是圆筒式（图3-7），各种家畜的开张器只是大小上的区别。

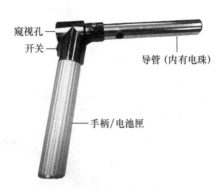

窥视孔
开关
导管（内有电珠）
手柄/电池匣

图3-6　鸭嘴式开张器　　　　　图3-7　圆筒式开张器

输精器有玻璃、金属、塑料、橡胶等不同材料制成的。牛多采用直肠把握法输精，所采用的输精器多为金属输精器，应做到一畜一消毒，不能连续使用。目前在牛生产中多采用的金属塑料套管式输精器（卡苏枪）（图3-8），由金属外壳、推杆以及一次性塑料外套组成，每次配种后更换新的一次性塑料外套即可，不需要消毒就可连续使用，既方便又减少污染的概率。目前也有可视输精枪（图3-9），在其套管顶端安装有灯泡和摄像头，末端手柄部位连接显示器，通过显示器的显示情况可以定位子宫口的位置，看见子宫口再将输精管插入子宫口内，操作更为简便。由于马、猪为子宫射精型动物，子宫口比较大，因此，马、猪的输精器为一端尖细的优质橡皮管，适用于马的橡皮管较粗和长（图3-10），适用于猪的橡皮管较细和短（图3-11），输精管

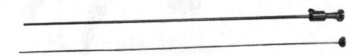

图3-8　牛用卡苏输精枪
上方为输精枪外壳，下方是输精枪推杆

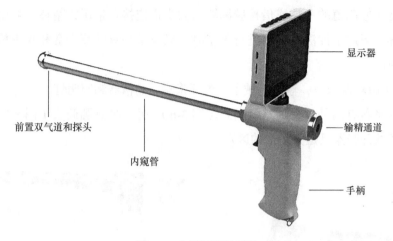

图 3-9　牛用可视输精枪

显示器

输精通道

手柄

前置双气道和探头

内窥管

图 3-10　马用输精管

图 3-11　猪用输精管

的一端接注射器或者输精瓶（袋）。对于禽类或者家兔等动物，一般采用连续
输精枪（图 3-12）。

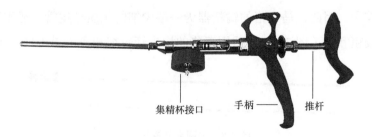

集精杯接口　　手柄　　推杆

图 3-12　兔用连续输精枪

2. 假阴道的安装

1）安装前的准备

（1）假阴道外壳及内胎的检查。检查假阴道外壳两端是否光滑，外壳有否裂隙或开焊之处（特别是马用外壳）。

（2）检查内胎是否漏水。可将内胎注满水，用两手握紧两端，并扭转内胎施以压力，观察胎壁有无破损漏水之处，如发现应及时修补或更换。公猪手握法采精用的乳胶手套在用前也应检查。

（3）对于带有气门的假阴道，还需要检查气门活塞是否有裂口或漏气，开关是否灵活；若有轻微漏气可以涂抹凡士林。

（4）采精器材的清洗。外壳、内胎、集精杯（管）等用具用后可用热的洗衣粉水清洗，内胎油污必须洗净；最后，以清水冲净洗衣粉，待自然干燥后即可使用。

2）安装过程

（1）内胎的安装。内胎光滑面朝内腔装入外壳，内胎露出外壳两端的部分长短应相等，两端翻卷于外壳两端，内胎应平整，不应扭曲，中轴与外壳重合呈同心圆位置，并用橡皮圈固定两端。

（2）消毒。先以长柄钳夹取75%的酒精棉球擦拭内胎和集精杯，再以95%的酒精棉球充分擦拭。采精前可用稀释液冲洗1～2次。

（3）注水。通过注水孔向假阴道内、外壁之间注入50～55℃温水，使其能在采精时保持38～42℃，注水总量约为内、外壁间容积的1/3～1/2。

（4）集精杯（管）的安装。装上气门活塞，于假阴道末端装上集精杯和保护套，牛、羊、猪的集精杯（管）可借助特制的保定套或橡胶漏斗与假阴道连接。

（5）涂润滑剂。用消毒好的玻璃棒，取灭菌凡士林少许，均匀地涂于内胎的表面，涂抹深度为假阴道长度的1/2左右，润滑剂不宜过多、过厚，以免混入精液中，降低精液品质。当用手握法给公猪采精时不须使用润滑剂。

（6）调节假阴道内腔的压力。从注气孔吹入或打入空气，根据不同家畜和个体的要求调整内腔压力，一般使内胎一端的中央呈"Y"字形。

（7）假阴道内腔温度的测量。把消毒的温度计插入假阴道内腔，待温度不变时再读数，一般40℃左右为宜，马可稍高，也要根据不同个体的要求作适当调整。

（8）用一块折成四折的消毒纱布盖住假阴道入口，以防灰尘落入，即可准备采精。

3. 输精器材的安装

金属和玻璃制成的输精管、输精枪，最好用高压蒸汽消毒，在输精前最好将输精管用稀释液冲洗1～2次。

细管冷冻精液的输精器一般由金属外壳和里面的推杆组成。使用前应将金属外壳消毒，前端的金属套不能连续使用。使用时将冷冻精液细管的一端剪去，棉栓一端插在输精枪的推杆上，借助推杆推动细管中的棉栓即可将精液推出。若采用开张器法输精，需对开张器先进行严格消毒后方可使用。

【作业】

1. 个人作业

（1）简述各种公畜采精器械的设计原理及优缺点。

（2）简述牛假阴道的组成和安装方法。

2. 小组作业

（1）研讨并总结不同公畜精液采集时需注意的问题。

（2）分析影响公畜采精效果和精液品质的因素，并设计解决方案。

【实验前测参考答案】

（1）公畜正常的性行为序列是什么？

答：公畜在交配（或采精）过程中所表现出来的完整性行为序列包括：求偶、勃起、爬跨、交配、射精及射精结束等步骤。这些步骤是严格按一定顺序表现出来的，每一种反应可作为一种刺激引起下一种反应，不能前后颠倒，也不能省略或超越。

（2）家畜人工授精的基本程序是什么？

答：家畜人工授精的基本程序包括采精、精液品质检查、稀释、分装、保存、运输、解冻、检查与输精等环节。

（李万宏）

英文拓展

Vocabulary

- vagina［vəˈdʒaɪnə］ n.［解］阴道
- semen［ˈsiːmen］ n. 精液；种子
- sterilize［ˈsterəlaɪz］ vt. 消毒；使无菌；使失去生育能力；使不起作用
- artificial vagina 人工阴道；假阴道

Artificial Vagina (AV) Method in Semen Collection

Artificial insemination (AI) is a common method of animal breeding, which requires semen collection. For livestock, the artificial vagina method is most widely used today for the collection of semen. Different species of animals have different artificial vaginas, the conditions of which are almost completely similar to natural vaginas.

Here are some important steps to follow and points to remember:

Clean, sterilize and assemble: Put the inner sleeve into the outer cylinder, the two ends of the inner sleeve are reflected on the cylinder to form a watertight space between them, and then fill with 50～55℃ warm water to make it keep 38～42℃ during semen collection.

Installation of the semen collection cup (tube): Install the valve piston, then install the semen collection cup and protective cover at the end of the artificial vagina.

Apply iubricant: Use a sterilized glass rod, take sterilized vaseline applying it on the surface of the inner tube, and the application depth is about 1/2 of the length of the fake vagina, and the lubricant should not be too much or too thick, so as not to mix with the semen and reduce the semen quality. No lubricant should be used when collecting boars by hand.

Adjust the pressure of the inner cavity: Blow air from the air injection hole, adjust the inner cavity pressure according to the requirements of different livestock and individuals, generally make the center of one end of the inner tube in a "Y" shape.

Measurement of the inner cavity temperature: Insert a sterilized thermometer into the inner cavity of the artificial vagina, and generally 40°C is suitable. Then cover the entrance with sterile gauze to prevent dust from falling in, and you can prepare for semen collection.

实验四

精液品质感官检查及相关指标测定

【实验前测】

（1）畜禽人工授精技术各环节正确的操作程序，按顺序正确的选项是（　　）。

A. 采精、精液稀释、精液品质检查、精液保存、输精

B. 采精、精液保存、精液品质检查、精液稀释、输精

C. 采精、精液保存、精液品质检查、精液稀释、输精

D. 采精、精液品质检查、精液稀释、精液保存、输精

（2）精子可以利用（　　）产生 ATP。

A. 果糖　　　　　B. 葡萄糖　　　　　C. 甘露醇　　　　　D. 丙酮酸钠

（3）下列过程可抑制精子呼吸作用的有（　　）。

A. 降低温度　　　B. 提高温度　　　C. 降低 pH　　　D. 提高 pH

【学习目标】

（1）能够对常见畜禽精液进行精液品质感官检查，能检测精子活力，估算精子密度，通过血细胞计数法对精子密度进行精确计数。

（2）能够对精子的畸形率、死活精子百分率、顶体完整性进行检查。

【实验仪器设备及材料】

1. 仪器设备

显微镜、显微镜保温箱（或显微镜恒温台）、载玻片、盖玻片、温度计、滴管、擦镜纸、纱布、试管、血细胞计数板。

2. 材料

新采集的公牛、公猪、公羊或公鸡的鲜精液，95% 乙醇、5% 伊红、1% 苯胺黑、3% NaCl。

【实验原理】

在离体环境中如果液体媒介条件允许，精子将存活一定时间，这为精液品质的感官检查和实验室检查提供了可能。

【实验内容】

1. 精液的感观检查

1）射精量　　所有公畜采精后应立即直接观察射精量。猪的精液因含有胶状物，还应用消毒过的纱布或细孔尼龙纱网等过滤后再检查滤精量。各种家畜的平均射精量（mL）：牛 6（4～8），羊 1.0（0.75～1.2），猪 250（200～300），马 70（30～100）。

2）颜色　　正常的精液一般为乳白色或灰白色，而且精子密度越高，乳白色程度越浓，其透明度也就愈低。正常牛、羊精液均为乳白色，但有时呈乳黄色（多见于牛，是因为核黄素含量较高的缘故）；猪、马、兔为淡乳白色或浅灰白色。

3）气味　　动物精液一般略有腥味，有的带有动物本身的固有气味，如牛、羊精液略有膻味。但是，无论何种动物精液如有腐败臭味，说明精液中混有化脓性分泌物，应停止采精并及时诊断治疗；而且气味异常的精液常伴有颜色的改变。

4）云雾状　　采集有些动物的精液时，虽然集精瓶（或杯）静止不动，但肉眼仔细观察，可看到精液呈翻滚运动现象，似云雾状，此现象一般多见于牛、羊、鹿的精液和采集猪的浓份部分精液。

5）pH 测定　　取精液 0.5mL 滴到 pH 试纸上，反应片刻后，根据显示颜色与标准 pH 试纸进行比色，目测判断结果即可。

2. 精子活力检查

1）平板压片　　把显微镜调整到备用状态，注意要使用暗视野。用玻璃棒蘸取一小滴精液或用移液器吸取 10μL 精液于载玻片上，轻轻盖上盖玻片，放在 400 倍显微镜下观察，评定活力。检查时，显微镜最好有保温设施，温度在 37℃左右，如无保温装置，室温需在 20℃以上，但检查要迅速；同时为评定准确，需多看几个视野取其平均值作为最后结果。

2）评定等级 一般采用十级评分制，即在视野中有 100% 的精子呈直线前进运动的评为 1.0；有 90% 的精子呈直线前进运动的评为 0.9；有 80% 的精子呈直线前进运动的评为 0.8；其余依此类推。评定精子活力的准确度与经验有关，具有主观性，检查时要多看几个视野，取其平均值。正常家畜新鲜精液精子活力一般在 0.7～0.9。

3. 精子密度检查

1）目测法 取一滴原精液，制成平板压片，然后放在 400 倍显微镜下观察，按密、中、稀三个等级评定（图 4-1）。

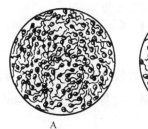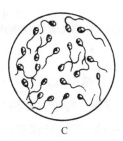

图 4-1 精子密度示意图（王锋等，2003）
A. 密；B. 中；C. 稀

密：指整个视野内充满精子，几乎看不到空隙，很难见到单个精子活动。

中：指在视野内精子之间有相当于一个精子长度的空隙，可见到单个精子的活动。

稀：指视野内精子之间的空隙很大，超出一个精子的长度，甚至可以查数所有的精子个数。

由于各种公畜精子的密度差异很大，上述三级标准具体到每种公畜有所不同。据此，各种家畜精子密度划分等级的标准大致如下：

牛：12 亿以上为"密"，8 亿～12 亿为"中"，8 亿以下为"稀"。

羊：25 亿以上为"密"，20 亿～25 亿为"中"，20 亿以下为"稀"。

猪、马：2亿以上为"密"，1亿～2亿为"中"，1亿以下为"稀"。

鸡：40亿以上为"密"，20亿～40亿为"中"，20亿以下为"稀"。

此方法简便，畜禽生产上经常采用。

2）血细胞计数法　　用血细胞计数法定期对公畜的精液进行检查，可较准确地测定精子密度。计数操作时，对牛、羊等精子密度高的精液可进行 100 或 200 倍稀释；对猪、马等精子密度低的精液可进行 10 或 20 倍稀释。基本操作步骤如图 4-2。

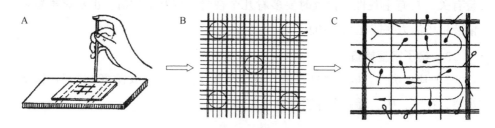

图 4-2　血细胞计数法检查精子密度

A. 在计算室上滴加稀释后的精液；B. 计数的五个大方格；C. 精子计数顺序（右方与下方压线的精子不计数）

（1）显微镜放大 100～250 倍寻找血细胞计数板上的计算室（计算室共有 25 个大方格，每个大方格又划分为 16 个小方格。计算室面积为 1 mm²，高度为 0.1 mm），看清计算室后，盖上盖玻片。

（2）根据各种公畜精子密度的不同，分别采用红吸管（如牛、羊）或白吸管（如猪、马）吸取精液样品。

（3）用 3% 氧化钠溶液稀释样品并致死精子，便于观察计数。

（4）将稀释后的精液滴入计算室内。

（5）显微镜放大 400～600 倍抽样观察、计算 5 个大方格（即 80 个小方格）内的精子数（抽样观察的 5 个大方格，应位于一条对角线上或四角加中央 5 个大方格内）。

（6）将 5 个大方格内的精子总数代入下列计算公式，换算出每毫升原精液内的精子数。

1 mL 原精液内的精子数＝5 个大方格内的精子数 ×5（等于整个计算室 25 个大方格内的精子数）×10（等于 1 mm³ 内的精子数）×1000（等于 1 mL

被检稀释精液样品内的精子数）×被检精液稀释倍数（牛、羊为 100 或 200倍，猪为 10 或 20 倍）。

4. 精子畸形率

1）抹片制作　　将需测定的样品摇匀，取 1 滴中层精液平滴于载玻片的右端，取另一张边缘光滑平直的载玻片呈 35° 自精液滴的左面向右接触样品，样品精液即呈条状分布在两个载玻片接触边缘之间。将上面的载玻片贴着平置的载玻片表面，自右向左移动，带着精液均匀地涂抹在载玻片上。切忌直接将精液滴"推"过去，人为造成精子损伤。在制作的抹片背面右端用特种记号笔编号。每份精液样品需同时制作两个抹片。

2）干燥　　自然干燥后染色，其染色溶液可先用吉姆萨液、苏木精伊红液或甲紫乙醇液，也可用红或蓝墨水等，染色 3～5min 后水洗。

3）显微镜观察　　待抹片自然干燥后，置于显微镜下以 600 倍观察，查数的精子总数不得少于 200 个，最后计算其中畸形精子数占查数全部精子总数的百分率。

4）畸形率的计算　　家畜正常精液中常有些畸形精子，一般用于输精的精子畸形率不得超 20%，否则会严重影响受胎率。家禽畸形精子的类型以头部畸形的比例较少，而以尾部畸形居多数，其中包括尾巴盘绕、折断和无尾等。正常公鸡的精液中畸形精子约占总精数的 5%～10%。

$$精子畸形率＝畸形精子数 / 查数的精子总数 ×100\%$$

5. 顶体染色

1）抹片制作及风干　　同精子畸形率检测实验中抹片制作及风干方法一致。

2）固定　　将风干的抹片平置于染色架上，用滴管吸取 1mL 固定液，滴于抹片上，并使固定液布满于整个抹片表面，静止固定 15min。

3）水洗　　用玻片镊夹住抹片一端，将固定液弃去倒入染色缸或平皿内，在装有蒸馏水的烧杯中，反复夹住松开镊子几次，并上下左右摇晃刷洗，最后取出抹片于搪瓷盘边，待干。

4）染色　　将固定后的抹片平置于染色架上，用滴管吸取新配制 Giemsa 染液约 2mL，平行置于要染的玻片上方。自左至右挤出染液于抹片上，使染液均匀布满在抹片上，静止染色90min。

5）水洗　　用镊子夹住染片，将染片上的染液弃去倒入平皿内，再于装有自来水的烧杯中冲洗，冲洗方法同上。经数次刷洗，直至水洗液无色为止。洗的过程中，若水已变蓝，则可及时换清水；洗净后可立于搪瓷盘边，待干。成片后镜下可见图4-3所示。

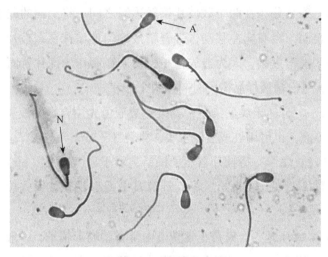

图4-3　精子染色后图像
N. 正常顶体；A. 异常顶体

6）精子顶体观察　　将精液染片置于显微镜下，先用低倍镜找到精子，再在1000倍下进行油镜观察。精子顶体呈紫色，包围精子头前部。根据精子顶体完整和损伤与否，将精子顶体形态分为下述4种类型：

（1）顶体完整型。精子头部外形正常，着色均匀，顶体完整，边缘整齐，可见微隆起的顶体峭，赤道带清晰。

（2）顶体膨胀型。顶体轻微膨胀，边缘不整齐，顶体峭肿胀，核前细胞膜不明显或缺损。

（3）顶体破损型。顶体破损，精子质膜严重膨胀破损，着色浅且不均匀，头前部边缘不整齐。

（4）顶体全脱型。精子顶体全部脱落，精子核裸露。

6. 精子顶体完整率计算

观察300个精子，根据以上4种类型分别统计，并计算出精子顶体完整率。

$$精子顶体完整率＝顶体完整型精子／观察精子总数×100\%$$

要求两张抹片精子顶体完整率差异不超过15%，求平均值。

7. 活精子百分率测定

1）**染色方法** 将5%的伊红和1%的苯胺黑按1∶1混匀，分装于1～2mL容量的试管中（加入试管容量的1/2），并在37℃水浴中加温，随后加入原精液1～3滴，摇匀后再放回水浴中，3min后立即取出待用。用移液器吸取10μL以上混合液，滴于载玻片的一端，用另一载玻片进行推动制成抹片，待干燥后，高倍镜镜检（400～600倍）。抹片时，最好在35～40℃的条件下制作，而且制作过程要快。

2）**死活精子判定** 活精子头部是不易着色的，镜检时，精子头部是透明、无色的；而死精子则因伊红渗入细胞质，使整个精子头部呈红色。苯胺黑为背景染色，使着色的精子头部可见。

3）**死活精子百分率计算** 在高倍镜下数200或500个精子，其中分别数出死精子和活精子，并计算出各占的百分率。

$$活精子百分率＝活精子数／总精子数×100\%$$

【作业】

1. 个人作业

（1）对精液进行外部观察评定，采用估测法分组评定精液的精子活力和密度。

（2）使用血细胞计数板法计算样品精液的精子密度。

（3）观察样品精液抹片染色质量，计算精子畸形率、顶体完整率、死活精子百分率等指标。

2. 小组作业

总结精液品质检查操作过程中的技术要点，讨论操作过程中可能影响实验结果的情况，并提出解决方法。

【实验前测参考答案】

（1）D （2）A （3）AC

（王春强）

英 文 拓 展

Vocabulary

- semen ['siːmen] n. 精液；种子
- sperm [spɜːm] n. 精子
- fertility [fə'tɪləti] n. 能生育性；可繁殖性
- acrosome ['ækrəˌsəʊm] n. 顶体
- sperm motility 精子活力
- fertility rate 出生率，生育率

Semen visual inspection: After semen collection, the semen ejaculation amount, color, odor, and cloud shape are checked to determine whether the semen is abnormal.

Sperm motility: Sperm motility is one of the main indicators for routine examination of the quality of semen. Refers to the ratio of sperm in the semen moving forward. Since only sperm with forward motion may have normal viability and fertilization ability, motility is closely related to female fertility rate.

Sperm concentration: Sperm concentration, also known as sperm count or sperm density, is usually measured in millions of sperm per mL of semen.

Abnormal sperm: The normal sperm of most animals has an elliptical head and a long, tangled tail. Abnormal sperms are different. It may have an unusually shaped head, a curved tail, two tails or an extra large head. Abnormal sperm leads to male infertility, which is one of the reasons why some females cannot become pregnant.

Acrosome: The acrosome is an organelle that develops on the first half of the head in the sperm of many animals, including humans. It is a cap-like structure from the Golgi body. The acrosome contains digestive enzymes, including hyaluronidase and acrosin.

Acrosome integrity staining: The acrosome integrity of sperm is the key to successful fertilization. Sperm acrosome is often stained by blush/aniline black staining, Giemsa staining, Pap staining and bright blue staining to determine its integrity.

Percentage of dead and alive sperm: The dead sperm and the live sperm are separately labeled by a specific method, and the dead sperm and the live sperm are counted by a microscope or a flow cytometer, and the percentages of each are calculated, and the ratio is often used to evaluate the sperm survival rate.

实验五
家畜颗粒冷冻精液的制备及解冻

【实验前测】

（1）未经特殊处理将精液迅速降温至10℃，精子会发生（　　）。

A. 休眠　　　　B. 获能　　　C. 激活　　　D. 冷休克

（2）下列外界因素对精子影响说法错误的一项是（　　）。

A. 低浓度抗生素可杀死精子

B. 一般来说，酸性环境中精子活力受到抑制，酸性环境中精子活力增强

C. 精液灭菌处理可使用紫外照射方法

D. 可使用酒精对精液进行消毒处理

（3）精液冷冻常用的冷冻保护剂有以下哪两种（　　）。

A. DMSO　　　B. 甘油　　　C. 乙醇　　　D. 维生素E

【学习目标】

了解家畜精液冷冻保存的原理及基本操作流程，掌握家畜精液冷冻和解冻的基本方法。

【实验仪器设备及材料】

1. 仪器设备

液氮罐、铝饭盒、烧杯、试管、冰箱、水浴箱、低温温度计、显微镜、盖玻片、载玻片等。

2. 材料

牛或猪的精液样品。

【实验原理】

1. 精液冷冻原理

精液经过特殊处理后，保存在超低温下，精子的代谢活动完全受到抑制，其生命在静止的状态下长期被保存下来。在制作冷冻精液的稀释液内，加入一定量亲水性极强的甘油等抗冻害物质，可限制水分子形成冰晶而处于过冷状态，降低水形成冰晶的温度，即缩小精子的有害温度的上限。

2. 精液解冻原理

有关精子能从冻结状态得以复苏的冷冻保存原理，目前尚未有定论。比较公认的是精液在冷冻过程中，在抗冻保护剂的作用下采用一定的降温速率可形成玻璃化冷冻状态，防止精子水分冰晶化，破坏细胞结构引起精子的死亡。

【实验内容】

1. 牛颗粒冷冻精液的制备及解冻

1）冷冻稀释液的配制　　配方：12% 蔗糖液 75mL、卵黄 20mL、甘油 5mL、青霉素 1000IU/mL、链霉素 1000IU/mL。

2）解冻液的配制　　配方：枸橼酸钠 2.9g、蒸馏水 100mL。

3）精液的稀释与平衡　　稀释前先检查精液中精子的活力，一般不低于 0.7，密度应在 8 亿个 /mL 左右，用与精液同温的稀释液做 2~5 倍稀释。将稀释后的精液用棉花包裹放入冰箱内缓慢降温到 0~5℃，并保持 2~4h。

4）冷冻和保存　　用吸管吸取平衡后的精液滴于用液氮冷却到 −100℃ 左右的铝饭盒表面（饭盒表面距液氮面 2~3cm，见图 5-1），制成 0.1mL 剂量的冷冻颗粒。滴冻要求快速、均匀，滴冻结束应使精液颗粒停留 3min，待颗粒由黄变白，即可将饭盒盖浸入液氮，然后用青霉素瓶或纱布袋收集颗粒，做好标记，投入液氮罐中保存。

5）解冻　　在 1mL 容量的试管内装入 2.9% 的枸橼酸钠解冻液 1mL，放入 4℃ 的水浴中，随后取 1~2 粒精液投入试管中，立即摇动直至颗粒融化，取样于显微镜下观察，精子活力在 0.3 以上即为合格。

图 5-1　精液冷冻颗粒的制备

A. 滴冻过程；B. 冷冻完成后收集颗粒冻精过程

2. 猪颗粒冷冻精液的制备及解冻

1）冷冻稀释液配制　　配方：8% 的葡萄糖溶液 77mL、卵黄 20mL、甘油 3mL、青霉素 500～1000IU/mL。

2）解冻液配制　　配方：5% 的葡萄糖溶液。

3）精液的稀释与平衡　　用手握法采精获得猪精液，活力应在 0.7 以上。用同温的稀释液做 1：（2～3）稀释；随后将稀释后的精液用棉花和纱布包裹，放于 8℃的冰箱内，缓慢降温到 8℃。

4）活力检测及冷冻颗粒制备　　在滴冻前，自冰箱内取出经平衡的精液，检查精子活力不应低于 0.6，用吸管吸取平衡后的精液，迅速滴于经液氮冷却的铝饭盒上，制成 0.1～0.2mL 的冷冻颗粒，停留 3min 后浸入液氮。

5）精液的解冻　　取装有 5% 葡萄糖解冻液的小试管 1 支，在 40℃的水浴中预热，投入颗粒，经摇动直至颗粒融化，立即取出检查精子活力，在 0.35 以上者即为合格。

【作业】

1. 个人作业

精液冷冻过程中有哪些操作会影响冻存效果？试分析并根据其优化操作规程。

2. 小组作业

比较牛和猪精液冷冻配方及程序的差异，分析其原因。

【实验前测参考答案】

（1）D　（2）C　（3）AB

（王春强）

英 文 拓 展

Vocabulary

- cryopreservation［kraɪəprezə'veɪʃən］ n. 冷冻保存
- liquid nitrogen 液氮
- sperm motility 精子活力

Semen preservation: Semen preservation, also known as cryopreservation or sperm freezing, is a technique for preserving sperm by freezing and storing it in liquid nitrogen at $-196\ ℃$. The frozen semen can be fertilized after thawing.

Semen thawing: Semen thawing refers to placing the frozen semen at a certain temperature before insemination, allowing it to melt rapidly and restore sperm motility.

家畜体外卵母细胞采集、形态学 观察及体外成熟

【实验前测】

（1）什么是卵母细胞？卵母细胞体外成熟的影响因素有哪些？

（2）卵泡发育分为哪几个阶段？

【学习目标】

（1）了解家畜卵母细胞采集方法（卵泡抽吸法、切割法和真空泵抽吸法），并能够通过注射器抽吸法采集家畜卵丘 - 卵母细胞复合体。

（2）能够进行卵母细胞体外成熟培养，能够描述卵母细胞成熟过程及各时期典型特点；能够掌握成熟卵母细胞的判断方法。

【实验仪器设备及材料】

1. 仪器设备

精密恒温控制仪、电热恒温水浴锅、连续变倍体视显微镜、荧光倒置显微镜、CO_2 培养箱、电子天平、0.22μm 滤器、可调式微量移液器、10mL 无菌注射器（12 号针头）、500mL 烧杯、10mL 离心管、计时器、自制口吸管、毛细管、60mm 灭菌细胞培养皿、NUNC 四孔细胞培养板、载玻片、盖玻片。

2. 材料

灭菌生理盐水、灭菌杜氏磷酸盐缓冲液（PBS/DPBS）、TCM-199 培养液、人绒毛膜促性腺激素（hCG）、孕马血清激素（PMSG）、猪卵泡液 pFF（自

制）、17β- 雌二醇（E2）、epidermal growth factor（EGF）矿物油、青霉素钠、硫酸链霉素、丙酮酸钠、葡萄糖、0.1% 透明质酸酶、5μg/mL Hoechst 33342、小鼠单克隆抗 α-tubulin-FITC 抗体、4% 多聚甲醛、封闭液（1% BSA）、透膜液（1% TritonX-100）、洗液（含 0.1% Tween-20，0.01% TritonX-100）、甘油。

【实验原理】

1. 卵泡大小与卵母细胞状态

卵母细胞的成熟能力是在卵母细胞生长的过程中获得的，卵母细胞成熟能力与卵泡大小呈正相关。对于小鼠来说，直径大于 0.5mm 卵泡中，卵母细胞经体外培养，可自发性恢复减数分裂，发育到成熟阶段；直径在 0.2～0.5mm 之间的卵泡，体外成熟培养后卵母细胞不能完全成熟，常常停滞在生发泡破裂或减数第一次分裂中期阶段；而直径小于 0.2mm 的卵泡卵母细胞不能自发恢复减数分裂，体外培养后生发泡不能破裂。直径小于 2mm 卵泡内的牛卵母细胞发育能力很低，卵泡卵母细胞的减数分裂恢复能力和胞质成熟能力较差；直径大于 6mm 卵泡中卵母细胞卵裂率及囊胚发育率显著高于直径 2～6mm 卵泡，但大卵泡的卵泡液中含有大量浑浊物，且采出的卵泡液浓度过大有凝固趋向，均不利于采卵，因此牛卵巢内直径 2～6mm 卵泡中卵母细胞最适合于体外培养；相似的是，根据卵泡大小常将猪有腔卵泡分为小卵泡（直径小于 2mm）、中卵泡（直径 2～5mm）和大卵泡（直径大于 5mm）。卵泡直径直接影响卵母细胞体外成熟率，猪卵泡直径只有达到 2mm 以上才具备体外成熟能力，虽然部分小卵泡也能发育至成熟，但由于胞质中没有储存足够的 mRNA 和蛋白质，其减数分裂恢复的能力较低，大卵泡中的卵母细胞可能过早成熟而发生老化，而直径 5mm 的中卵泡内卵母细胞质量最好。同样，生产实践也证实，小有腔卵泡中卵母细胞虽然能够恢复减数分裂并排出极体，但其受精率和囊胚发育率往往很低，而取自中有腔卵泡的卵母细胞却具有较高受精率和囊胚发育率。

2. 体外成熟培养条件

1）成熟培养液　　卵母细胞成熟培养液是模拟母畜体内生殖道成分，用于卵母细胞体外成熟，并维持卵母细胞发育至成熟阶段所必需的人工配制的培养基。一般含有碳水化合物、含氮物质、无机盐（包括微量元素）、维生素和水等。目前，卵母细胞常用的基础培养液有：TCM-199、CRlaa、Ham's F-10、Ham's F-12、CZB、M16 及 M2；其中 M16 是小鼠最常用的培养液，而 TCM-199 能用于多种家畜卵母细胞成熟培养。根据培养的不同需要，培养液中需额外添加如血清、激素、氨基酸、卵泡液、生长因子等促进卵母细胞成熟和早期胚胎发育所需成分。其中血清可为 COCs（cumulus oocyte complexes）提供合成蛋白质的氮源，并与卵母细胞周围的卵丘细胞一起防止透明带变硬，而血清加速了氨的形成，对线粒体造成一定损伤，所以其浓度不应超过 15%；添加 FSH，LH 或 hCG 与类固醇激素 E_2 等促性腺激素能增强卵母细胞的存活力并减少异常卵母细胞的数量，诱导卵丘扩散，促进减数分裂恢复，改变第一次成熟分裂所需的时间，从而促进卵母细胞的成熟。表皮生长因子（EGF）、胰岛素样生长因子（IGF）和转移生长因子（TGF）等生长因子都能不同程度地促进小鼠、大鼠、牛、猪、仓鼠等卵母细胞的体外成熟。卵泡液作为卵母细胞发育的微环境在卵母细胞发育中起主要调节作用。卵泡液含有大量来自于血清的生化因子和来自于卵母细胞及卵泡细胞的分泌因子，其对卵母细胞成熟的影响主要与卵泡液中的生化组分有关。

2）成熟培养时间　　体外培养时间应针对不同种类动物及不同发育阶段的卵母细胞来确定，以期最大程度利用卵母细胞，提高其成熟率。虽然延长培养时间可以使核成熟率逐步增高，但卵母细胞会逐渐老化。因此，在保证一定的核成熟的前提下，有必要缩短家畜卵母细胞体外培养时间。目前，各种常用动物最佳培养时间如下：来源于猪 2～5mm 卵泡中卵母细胞需体外培养 44～46h；来源于牛 3～8mm 卵泡中卵母细胞需培养 23～24h；来源于山羊 2～6mm 卵泡中卵母细胞需培养 24～26h；来源于马大卵泡中卵母细胞需培养 18～24h。

3）成熟培养的温度和气相环境　　卵母细胞体外培养的温度是其成熟的关键影响因素，培养温度一般是依据动物体温来选择的。小鼠卵母细胞体外成熟的最适温度是 37℃；由于家畜的直肠温度是 39℃，因此牛卵母细胞体外成熟的最适温度是 39℃，且该条件下卵母细胞的受精率显著高于其他温度；而猪卵母细胞体外培养最适温度采用 38.5℃。除了温度对卵母细胞成熟的影响外，培养箱中气相条件也能明显影响卵母细胞成熟。由于目前所采用的培养液大都采用 HCO_3^- 作为酸碱平衡缓冲体系，故需维持一定浓度的 CO_2 气相环境来保持培养液缓冲体系正常的 pH 状态，否则会因培养液中 CO_2 逸出而使培养液 pH 升高。气相环境中 CO_2 浓度应根据培养液中碳酸氢盐的浓度而定，由于目前培养液中 $NaHCO_3$ 浓度多为 25~30mmol/L，故一般采用 5% 的 CO_2。此外，饱和湿度也是维持培养液缓冲体系的要素之一，以防止培养液中水分蒸发，而使培养液渗透压和酸碱度发生变化，水质量和高度无菌条件都是培养成功的必需条件，因此一般选用高压灭菌后的去离子水。

4）成熟培养体系　　目前有微滴培养体系和大体积培养液培养体系。最常用的培养方式是微滴培养法，在微滴上面覆盖矿物油，这样既可以防止水分蒸发和微生物污染，又可以缓和温度或气相波动，减小培养液滴的容积，有利于保持卵母细胞自身分泌的信号物质的浓度。

【实验内容】

1. 猪卵母细胞的采集

将屠宰场采集的初情期母猪卵巢置于含青霉素 75mg/mL，链霉素 50mg/mL 的 35℃无菌生理盐水中，2h 内送达实验室。用添加青霉素钠和硫酸链霉素的 DPBS 清洗卵巢 3~4 次，倒入 500mL 烧杯中并置于 37℃水浴锅中保温。

卵母细胞采集通常采用切割法和抽吸法。切割法虽然费时，但极少破坏卵丘 - 卵母细胞复合体，更有利于卵丘 - 卵母细胞复合体生长发育，而注射器抽取有腔卵泡符合取卵时间愈短愈好的原则，因其方便、干净、简捷而被普遍使用，但要注意选择合适的注射器和针头。针头太大，卵母细胞流失很多；针头太小，则会造成卵丘细胞大量脱落，不利于卵母细胞体外成熟。

用带有 12 号针头的 10mL 一次性无菌注射器从卵巢上直径为 2~5mm 健康卵泡中抽吸卵丘 - 卵母细胞复合体，缓缓注入灭菌的 10mL 离心管中，于 37℃精密恒温控制仪上静置 15min 后，收集卵泡液上清，并将含卵母细胞的沉淀用少量 DPBS 重新悬浮后转入细胞培养皿内，通过口吸管在实体显微镜下吸取卵丘 - 卵母细胞复合体。卵泡液上清以 2000r/min 离心 30min，弃去沉淀后，上清以 0.22μm 滤器过滤后分装于 1.5mL 离心管中，保存于 -20℃，用于卵泡成熟培养。

2. 猪卵母细胞体外成熟培养

猪卵母细胞体外培养基常用改良 TCM-199 成熟培养液，其成分是在 TCM-199 中添加 3.05mmol/L 葡萄糖、0.91nmol/L 丙酮酸钠、0.57mmol/L 半胱氨酸、1mmol/L 谷氨酰胺、10ng/mL 表皮生长因子（EGF）、10 IU/mL hCG、10 IU/mL PMSG、75μg/mL 青霉素钠、50μg/mL 硫酸链霉素、10% pFF。将成熟培养液加入四孔板（NUNC）中做成 500μL 的培养滴，上覆矿物油 200μL，于 38.5℃、5% CO_2、饱和湿度的培养箱中平衡 4～6h 后用于卵母细胞的成熟培养。

挑选胞质均匀且紧密包裹 3 层及 3 层以上卵丘细胞的卵丘 - 卵母细胞复合体，用 DPBS 洗 3 次后，再用 TCM-199 成熟培养液洗 2～3 遍，放入预先平衡的成熟培养板中。每孔培养滴中放 40～60 枚卵母细胞，于 38.5℃、5% CO_2、饱和湿度的培养箱中培养 44～48h。

3. 卵母细胞体外成熟及评定

当体外成熟培养的卵母细胞发生第一次减数分裂排出第一极体，并停滞在第二次减数分裂中期时，认定为卵母细胞成熟。卵母细胞体外成熟主要是通过形态学检查来判定。哺乳动物卵母细胞成熟应包括细胞核、细胞质和卵丘细胞三个方面的形态学变化。因此，可以采用在显微镜下比较卵丘扩展、形态学观察第一极体排出和固定染色观察 3 种方法评估卵母细胞成熟。

1）卵丘扩展分级法　　卵丘细胞扩展是卵母细胞成熟的典型形态特征之一，在卵母细胞成熟过程中，卵丘细胞与其他颗粒细胞分泌大量的具有弹性的细胞外基质，从而使得卵丘变得松散并增大数倍体积，这个过程被称为卵丘扩展（cumulus expansion）。因此，卵母细胞经培养后，可在体式显微镜下观察卵母细胞外周卵丘细胞的扩展情况。卵丘细胞扩展程度分级可分为以下几种。

A 级：卵丘细胞完全扩展，卵丘 - 放射冠均完全扩展，卵丘细胞团向外周扩展的直径是裸卵直径的 3 倍或 3 倍以上。

B 级：卵丘细胞呈中等扩展，卵丘扩展好，放射冠细胞基本扩展，卵丘细胞向外周扩展的直径是裸卵直径的 2 倍。

C级：卵丘细胞轻度扩展、扩展不良或基本未扩展，卵丘细胞仍致密包围在透明带周围（图6-1）。

一般来说，绝大多数A级和多数B级卵母细胞均已达到成熟状态并排出第一极体，视为成熟卵母细胞。因此，当实体显微镜下观察到卵母细胞细胞质均匀、没有空泡，且外层卵丘细胞扩展到裸卵直径的3倍或3倍以上时，初步判为卵母细胞成熟（图6-1）。

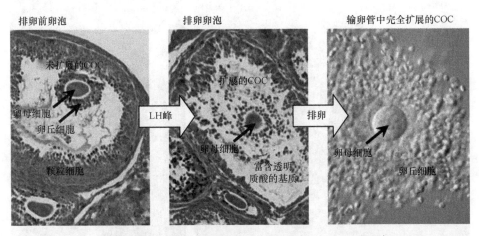

图6-1　卵丘细胞扩展的显微照片（Richards et al., 2010）

左图：排卵前卵泡含一个卵丘细胞包围的卵母细胞，即COC，COC未扩展。中图：LH激增后，卵丘细胞形成并嵌入富含透明质酸的基质中，卵丘细胞以放射状向四周扩散。右图：卵丘细胞伴随卵母细胞进入输卵管，整个COC完全扩展

2）形态学观察第一极体排出法　　在卵母细胞成熟过程中，第一极体排出是卵母细胞核成熟的标志。当卵丘细胞扩展良好，并观察到卵母细胞排出第一极体，即可判断为成熟卵母细胞（图6-2）。统计排出极体的卵母细胞数量，即可计算卵母细胞成熟率。

成熟率＝成熟卵母细胞数 / 卵母细胞总数 ×100%

此方法为传统的形态学方法，优点是能够直接根据第一极体排出进行判定，缺点是会将第一极体形成但尚未完全排出的处于第一次减数分裂末期的部分卵母细胞列入，存在一定的偏差。

将培养后的卵丘 - 卵母细胞复合体移入0.1%透明质酸酶溶液中，于培养

箱中孵育 3min，随后用移液器温和地吹打数次，脱去卵母细胞外周的卵丘细胞，将卵母细胞洗净后置于 200μL TCM-199 微滴中，通过封口的毛细玻璃管来扭转卵母细胞，在高倍倒置显微镜下检查是否排出第一极体（相对于小鼠来说，家畜卵母细胞极体普遍较小，普通体式显微镜观察难度较大）。记录第一极体排出情况和数量，并计算卵母细胞成熟率。

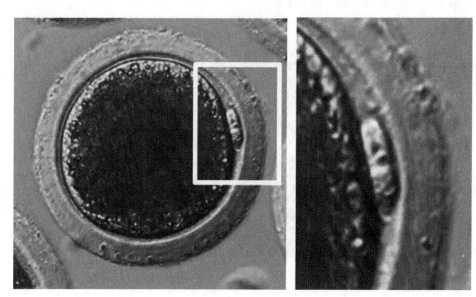

图 6-2　猪成熟卵母细胞典型图（引自 Zhang et al.，2018）

　　3）固定染色观察第一极体法　　卵母细胞经多聚甲醛固定后通过荧光染色，可以在荧光显微镜或激光共聚焦显微镜（400×）下评估卵母细胞成熟的进程和成熟率。卵母细胞成熟过程有 5 个阶段，分别是生发泡时期（GV）、生发泡破裂（GVBD）、第一次减数分裂中期（MⅠ）、第一次减数分裂后末期（ATⅠ）（因卵母细胞成熟后期和末期持续时间较短，故时期划分时一般合并统计）、第二次减数分裂中期（MⅡ）（图 6-3）。第二次减数分裂中期卵母细胞卵周隙中可观察到第一极体，与其相邻的细胞质中可见整齐排列的染色体。荧光染色观察第一极体能准确检测核相的变化，避免偏差。统计第二次减数分裂中期卵母细胞的比例（核成熟卵母细胞数）即可计算卵母细胞成熟率。

| 生发泡破裂 | 第一次减数分裂中期 | 第一次减数分裂后末期 | 第二次减数分裂中期 |

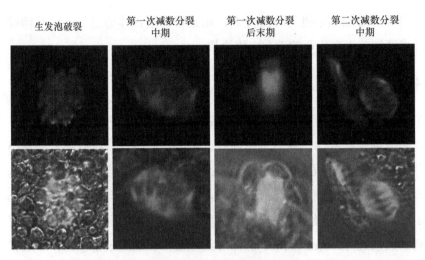

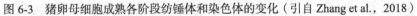

图 6-3　猪卵母细胞成熟各阶段纺锤体和染色体的变化（引自 Zhang et al.，2018）

　　将透明质酸酶消化后并洗净的卵母细胞移入 4% 多聚甲醛中固定 30min，随后移入透膜液中室温透膜 4～8h，经封闭液封闭 1h 后移入 α-tubulin-FITC 抗体染液中，于 4℃孵育过夜或室温标记 2～4h，经洗液清洗后移入含 5μg/mL Hoechst 33342 染液中孵育 15min，清洗后置于载玻片上于荧光显微镜下观察卵母细胞极体排出情况、纺锤体及染色体形态，进而判定卵母细胞所在的减数分裂阶段，统计第二次减数分裂中期卵母细胞的比例。

【作业】

1. 个人作业

（1）比较未成熟和成熟的卵丘 - 卵母细胞复合体形态，并说明其区别。

（2）通过形态学观察卵丘 - 卵母细胞复合体及成熟卵母细胞，说明卵母细胞成熟的特点，拍摄典型图并计算卵母细胞成熟率。

（3）通过荧光染色观察卵母细胞成熟过程中 GV、GVBD、MⅠ、ATⅠ、MⅡ各时期的特点，绘制卵母细胞减数分裂成熟过程的示意图，并计算卵母细胞成熟率。

2. 小组作业

（1）结合本节课所学的知识讨论影响卵母细胞体外成熟培养效果的因素。

（2）研讨卵母细胞未进行均等分裂，而是排出小极体的意义；以及卵母细胞体外成熟培养对畜牧业的潜在应用价值。

【实验前测参考答案】

（1）什么是卵母细胞？卵母细胞体外成熟的影响因素有哪些？

答：卵母细胞是雌性动物的生殖细胞，是卵巢产生的。所有哺乳动物出生时，卵巢内已经有未成熟的卵细胞存在，且在出生后卵子数目不会增加。在卵巢有腔卵泡中卵母细胞（oocyte）与颗粒细胞层之间形成卵丘（cumulus oophorus），在较大的三级卵泡中，紧裹在卵母细胞周围的颗粒细胞形成呈放射状排列的放射冠（corona radiata）。卵母细胞被卵丘细胞紧密包裹，形成卵丘 - 卵母细胞复合体（cumulus-oocyte complexes，COCs），在卵母细胞与卵泡细胞间形成一层厚膜，称透明带（zona pellucida），起到保护卵子，阻止异种精子进入的作用。整个卵母细胞体积膨胀、细胞质内合成了大量的蛋白质、卵黄、脂滴等营养物质。

卵母细胞成熟（oocyte maturation）是多因素调控的结果，卵母细胞体外成熟（*in vitro* maturation，IVM）就是将卵巢卵泡中未成熟的卵母细胞取出，放在模拟体内卵泡微环境的培养液中进行体外培养到成熟阶段。卵母细胞成熟发育能力对其后的受精率、胚胎卵裂率和囊胚形成率均具有直接影响，是制约体外生产囊胚率和胚胎移植受胎率的关键。

收集屠宰家畜卵巢中卵母细胞时，卵巢运输时间和温度是影响卵母细胞成熟的关键因素。对于可在实验室操作取卵的动物，如小鼠和兔而言，能保证卵巢在外界环境中短暂的停留时间；然而，对于屠宰场采集的家畜卵巢，如牛、羊和猪等，应充分缩短运输时间，从而保障卵母细胞的成熟能力。当采集牛、猪卵巢时，最好保证屠宰后1～2h内送达实验室，最长不能超过6h。

此外，运输温度也会影响卵母细胞的成熟能力，而运输温度接近体温时，更有利于维持卵母细胞体外成熟能力。此外，不同动物间运输卵巢的最适温度也存在差异。在一般情况下，30℃对牛卵巢运输是比较合适的；而对猪而言，25～30℃更有利于随后卵母细胞的成熟与受精。在实际操作上，我们应根据运输卵巢所需时间适当调整运输温度：运输时间短时，为了保持卵母细胞正常的代谢水平，可采用接近体温的温度；而长时间运输则需要采用较低的温度，从而降低基础代谢水平，减少有毒代谢产物积累。

（2）卵泡发育分为哪几个阶段？

答：根据卵泡的发育时期和生理状态，可将卵泡分为原始卵泡（primordial follicle）、生长卵泡（growing follicle）和成熟卵泡（mature follicle）。其中生长卵泡要经历三个阶段，即初级卵泡（primary follicle）、次级卵泡（secondary follicle）和三级卵泡（tertiary follicle）或格拉夫卵泡（Graafian follicle）。三级卵泡又称有腔卵泡（antral follicle），其特点是在其中央有一个空腔，即卵泡腔。卵泡腔是由次级卵泡的颗粒细胞间隙增大并融合形成的一个较大腔体，其中充满了卵泡液。随着卵泡液增多，卵泡腔继续增大，卵母细胞移位远离卵巢中心，通常靠近卵泡的近卵巢中心部，此时称为格拉夫卵泡。当卵泡液不断增多，卵泡体积剧增，卵泡便移向并突出卵巢表面，发育到成熟卵泡。动物出生后，卵巢中储存了数以百万计的原始卵泡，然而在个体发育中卵巢中大部分卵泡不能发育成熟，在发育不同阶段逐渐退化，形成闭锁卵泡。

（孙少琛）

英文拓展

Vocabulary

- oocyte [ˈəʊəsaɪt]　n. 卵母细胞
- follicle [ˈfɒlɪkl]　n. 卵泡
- diplotene [ˈdɪpləʊtiːn]　n.& adj. 双线期（的）
- fertilization [ˌfɜːtɪlaɪˈzeɪʃən]　n. 受精
- polarization [ˌpəʊləraɪˈzeɪʃn]　n. 产生极性；极化

Oocyte follicle

In mammalian ovary, the follicle is around and located at the ovarian cortex, which is the basic functional unit of oocyte genesis and development. Unlike male testes, which contain reproductive stem cells throughout life, female mammals have limited follicle reserves and are not renewable in adulthood.

Oocyte meiosis

Mammalian oocytes are arrested at the late diplotene stage of prophase I from birth until oocyte meiotic maturation, whose completion is responsible for successful fertilization. An oocyte initiates meiotic maturation from the germinal vesicle (GV) stage, passes through germinal vesicle breakdown (GVBD), completes a unique asymmetric division involving the extrusion of a small first polar body, and finally results in a highly polarized, metaphase II (M II) -arrested egg. These latter events are essential for retaining the most cytoplasm in the egg. All meiotic stages of porcine were completed within 42 to 48 hours, with germinal vesicle breakdown (GVBD) at 6 to 12 hours, metaphase I (M I) at 10 to 18 hours and anaphase/telophase I at 16 to 20 hours.

Oocyte polarization

Polar-body formation is dependent on proper oocyte polarization. This process is controlled by the microtubule and microfilament cytoskeletons, resulting in spindle migration and positioning and cortical reorganization. After GVBD, the bipolar, meiosis I spindle is assembled close to the center of the oocyte. During metaphase I (M I) stage, however, the spindle localizes at the equatorial plate and subsequently migrates to one side of the oocyte cortex, aligned along the spindle's long axis. In addition to eccentric spindle positioning, another event pivotal for asymmetric division during oocyte maturation is the organization of cortical polarity: actin filaments enriched at an actin cap in the cortical area where cortical granules (CGs) and microvilli are also absent, resulting in a CG-free domain (CGFD). After anaphase, cytokinesis segregates one set of homologous chromosomes to the first polar body. The oocyte then proceeds through meiosis I until M II stage, remaining arrested at this stage until fertilization.

实验七

酶联免疫吸附进行奶牛早期妊娠诊断检测

【实验前测】

（1）什么是妊娠?

（2）什么是妊娠期? 影响妊娠期的因素都有哪些?

【学习目标】

（1）了解酶联免疫吸附试验基本原理。

（2）掌握酶联免疫吸附试验检测奶牛妊娠的基本原理和操作流程。

【实验仪器设备及材料】

1. 仪器设备

恒温箱、离心机、移液器（100~1000μL、20~200μL、2~20μL 各一支）、移液器吸头、吸水纸、牛快速可视孕检试剂盒、去离子水、离心管、离心管盒。

2. 材料

妊娠奶牛血清。

【实验原理】

妊娠相关糖蛋白（pregnancy associated glycoproteins，PAGs）是由偶蹄类动物胎儿胎盘滋养层细胞分泌产生的一类特异性糖蛋白。奶牛妊娠一个月后，血液中 PAGs 浓度逐渐增高（图 7-1）。因此，可通过检测 PAGs 浓度判断奶牛是否妊娠。

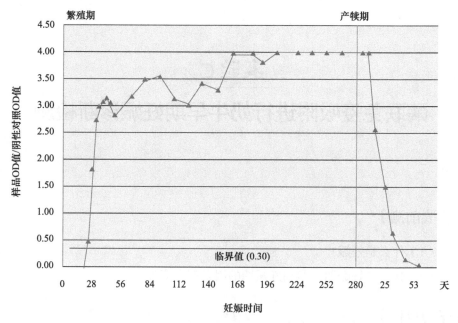

图 7-1 不同妊娠阶段奶牛血液中妊娠相关糖蛋白的变化

目前检测的方法主要是酶联免疫吸附技术（图 7-2），其原理为：使抗原或抗体结合到某种固相载体表面，并保持其免疫活性。使抗原或抗体与某种酶连接成酶标抗原或抗体，这种酶标抗原或抗体既保留其免疫活性，又保留酶的活性。在测定时，把受检标本（测定其中的抗体或抗原）和酶标抗原或抗体按不同的步骤与固相载体表面的抗原或抗体起反应。用洗涤的方法使固相载体上形成的抗原抗体复合物与其他物质分开，最后结合在固相载体上的酶量与标本中受检物质的量成一定的比例。加入酶反应的底物后，底物被酶催化变为有色产物，产物的量与标本中受检物质的量直接相关，故可根据颜色反应的深浅进行定性或定量分析。由于酶的催化频率很高，故可极大地放大反应效果，从而使测定方法达到很高的敏感度。

【实验内容】

1. 奶牛血清样本制备

将采集的血样放入到洁净的试管中，静置至凝集后，待血凝块周围析出

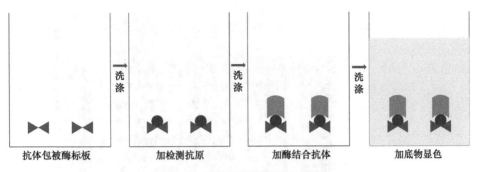

图 7-2　酶联免疫吸附反应原理

淡黄色液体时，将试管移入 4℃冰箱保存，待血清析出较多时，吸取血清至另一个干净管中，即为待检血清。如果待检测血清不及时进行检测，应保存在 −20℃环境中。

2. 加样

妊娠检测试剂盒应保存在 4℃环境，在使用前，应提前置于室温使试剂恢复常温。不同生产批次的试剂不能混合使用。加样前先在反应板上标记好阴性、阳性、对照和所有样品的位置，根据检测需要取出所需数量的反应板条，将未使用的反应板条放入含有干燥剂的密封袋中，在 2～8℃保存。每次加样按照统一顺序进行，避免样本溅出或串孔。加样后轻轻摇晃反应板，确保每个反应孔中的液体充分混匀，同时尽量减少各样品反应时间的差异，计时准确（图 7-3）。

3. 孵育

用盖板将加样后的微孔板盖严，在室温（18～26℃）孵育 1h。避免在强光、热源、等分口等位置孵育。

4. 洗板

将每个反应孔加满双蒸水或去离子水（每孔约 300μL），共洗涤 3 次，每次浸泡时间至少 30s。每次洗板后快速翻转反应板，弃掉液体，将反应板在吸水纸上拍干，确保每一个反应孔中没有残留的洗液，同时避免手指接触到孔内。

5. 反应结果判定

洗涤结束后，在样品孔中加入反应液，静置 5min。通过与阴性孔中的颜

图 7-3　加入检测血清

色对比来判定动物的妊娠情况。如果检测孔中颜色比阴性孔颜色浅或相同，则判定为空怀；如果样品反应孔中呈现蓝色且比阴性对照孔深，则判定为妊娠（图 7-4）；如果颜色很难用肉眼分辨，判定为可疑结果，建议重新采样复检。

阴性对照 →
阴性对照 →
待测样品 →
待测样品 →
阳性对照 →

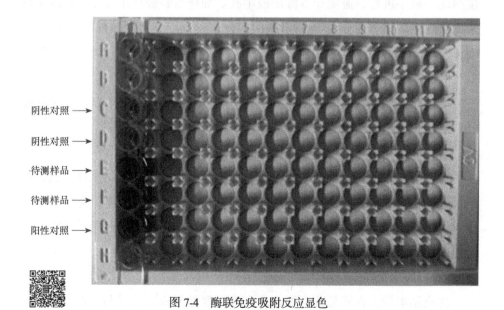

图 7-4　酶联免疫吸附反应显色

【作业】

1. 个人作业

简述妊娠状态与非妊娠母畜外部表现与阴道检查的不同变化。

2. 小组作业

（1）梳理奶牛妊娠诊断常用方法并总结适用情况。

（2）研讨妊娠诊断在动物繁殖领域的意义。

【实验前测参考答案】

（1）什么是妊娠？

答：妊娠又称"怀孕"，是哺乳动物所特有的一种生理现象，是自卵子受精结束到胎儿发育成熟后与其附属膜共同排出前，母体所发生的复杂生理过程。随着妊娠的发展，母体的体重、体型，母畜的行为、外生殖器以及生殖内分泌激素会发生变化，这些变化是母畜妊娠诊断的重要依据。

（2）什么是妊娠期？影响妊娠期的因素都有哪些？

答：妊娠期是从受精开始（一般是最后一次配种日期开始计算）到分娩为止的一段时间，是新生命在母体内生活的时期。各种动物都有其特定的妊娠期。但也有些动物，特别是野生动物，其妊娠期长短不一。据推测，可能这些动物的孕体具有某种调节机制，可以根据母体所处的环境条件调节胚胎或胎儿的生长速度，从而影响妊娠期。

（李纯锦）

英 文 拓 展

Vocabulary

- pregnancy［'pregnənsi］ n. 怀孕，妊娠
- gestation［dʒe'steɪʃn］ n. 怀孕；怀孕期
- fetus［'fi:təs］ n. 胎，胎儿

- placenta [plə'sentə] n. 胎盘，胎座
- pregnancy diagnose 妊娠诊断

Pregnancy

It is the period of development of mammalian young that begins at conception and ends at birth. Another name for pregnancy is gestation. During gestation, the fetus receives nutrients and oxygen from the mother through the placenta, the membranous tissue that surrounds the fetus in the uterus. The fetus in turn gives off carbon dioxide and waste products that are absorbed by the placenta.

The importance of pregnancy diagnosis

Knowing whether or not an animal is pregnant is of considerable economic value, as well as being an important tool in reproductive management. In general, an early diagnosis of pregnancy is required:

- To identify nonpregnant animals soon after mating or insemination so that production time lost from infertility may be reduced by appropriate treatment or culling.
- To certify animals for sale or insurance purposes.
- To reduce waste in breeding programs using expensive hormonal techniques.
- To assist in the economic management of livestock.

The measurement of progesterones

Sensitive RIA and ELISA are available for the measurement of pregnancy-dependent hormones in body fluids. For example, pregnancy can be diagnosed in farm animals at a much earlier stage using the plasma or milk P_4 than was possible using rectal palpation.

The measurement of P_4 has so far been the most widely used method of pregnancy detection in farm species. Although pregnancy nonspecific, progesterone can be used as a pregnancy test because the CL persists during early pregnancy in all farm animals. Progesterone levels are measured in biologic fluids such as blood and milk when progesterone is declining in nonpregnant animals. Normally, the sample is collected one estrous cycle length after an insemination or mating, e.g., 22 to 24 days in cattle and buffalo, 16 to 18 days in sheep, 18 to 21 days in goat, 16 to 22 days in horse, and 21 days in pigs. At this sampling time, the progesterone is low in a nonpregnant animal, whereas it is elevated in a pregnant animal. However it is unreliable in the horse because prolonged diestrus (high P_4) results in a false positive.

Milk is preferred to blood, particularly because of the higher progesterone levels in milk than in plasma. Also samples can be collected at milking time without inflicting much discomfort or pain on the animal.

家畜体外受精及胚胎发育观察

【实验前测】

影响体外受精的因素都有哪些?

【学习目标】

（1）能够指出成熟卵母细胞、桑葚胚、囊胚的细胞结构及形态特点。

（2）能够完成体外受精操作并掌握胚胎发育各个阶段的特征。

【实验仪器设备及材料】

1. 仪器设备

实体显微镜、10mL 注射器、平皿、口吸管、CO_2 培养箱、离心机、移液枪、（蓝、黄、白）枪头、细胞计数板、倒置显微镜。

2. 材料

动物（猪、牛、羊）卵巢、动物（猪、牛、羊）精液、卵子操作液、卵子成熟液、精子洗涤液、精子获能液、胚胎培养液。

【实验原理】

1. 卵母细胞获取及体外成熟培养

1）动物卵巢内卵母细胞的获取方法　　屠宰场获取动物卵巢是体外受精研究过程中卵子的重要来源之一，卵巢须在家畜屠宰后 30min 内取出，用 37℃生理盐水冲洗后置于保温瓶中，在 2～3h 内送回实验室，整个过程要求无菌、快速。卵巢送至实验室后，需要再用37℃的含有一定浓度抗生素的生理盐水洗至不含血色，方可进行下一步操作。首先准备注射器、一次性手套、口罩和离心管。穿戴好口罩和手套后，用注射器将卵巢表面卵泡内的液体抽出放入离心管中，静置20min后倒出部分上层液体，置换成预热操作液，然后倒入平皿中，利用口吸管挑选出卵子待用。

体外受精过程中卵母细胞的来源主要分为两种，第一种是通过体外培养的方式，将从卵巢中获取的卵母细胞置于成熟培养液中，通过培养箱控制卵子成熟所需要的条件，从而使得卵子发育至第二次减数分裂中期；另外，还有一种方法就是超数排卵，通过注射激素促使卵母细胞成熟并提前从卵泡中释放出来，在指定的时间内从输卵管壶腹部将成熟卵母细胞分离出来，然后等待受精作用。

2）卵母细胞体外成熟的培养步骤　　卵母细胞的体外成熟培养体系是基于模拟卵母细胞体内成熟环境研究的基础上建立的，不同的培养体系会直接影响卵母细胞的成熟率及之后的受精能力和胚胎发育能力。目前应用较为广泛的是以TCM199为基础液，添加适量激素和微量抗生素等成分作为卵母细胞体外成熟的培养液。从卵巢中分离的卵母细胞置于培养液做成的培养滴中，然后放入培养箱后，即可培养。目前卵母细胞体外培养的条件主要有两种：一种是5% CO_2、95%空气、38.5~39℃和饱和湿度；另一种是5% CO_2、5% O_2、90% N_2、38.5~39℃和饱和湿度。以上两种培养条件中温度与动物种类相关，猪卵母细胞培养温度设定为38.5℃，牛和羊设定为39℃。

3）卵母细胞减数分裂　　比较不同成熟阶段卵子的特征及形态特点。

（1）GV期（生发泡期）。生发泡指的是生长期的卵母细胞核内核仁增大增多、合成活跃，细胞核膨大后的物质。GV期卵母细胞内可以明显看到数个圆形的核仁，猪卵母细胞由于胞质内存在大量脂肪滴，肉眼很难观察到核仁（图8-1）。

（2）GVBD期（生发泡破裂期）。第一次减数分裂过程中核膜的消失称为生发泡破裂（GVBD），该期染色体分散于核区，不规则纺锤体逐渐形成。

（3）ＭⅠ期（第一次减数分裂中期）。细胞质中形成纺锤体，同源染色体着丝点对称排列在赤道板两侧（与动物细胞的有丝分裂大致相同，动物细胞

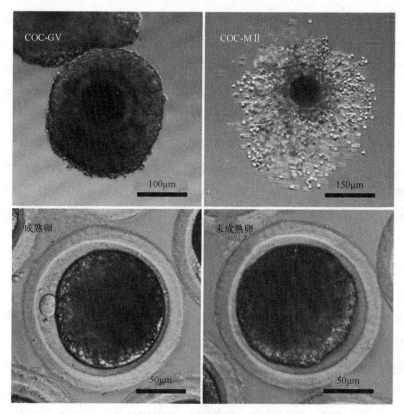

图 8-1　猪卵丘 - 卵母细胞复合体和成熟卵母细胞及未成熟卵母细胞典型图

COC-GV 是从猪卵巢皮质区卵泡内抽取的卵丘 - 卵母细胞复合体，其中卵母细胞处于 GV 期；COC-MⅡ是 COC-GV 经过体外成熟培养后，卵丘细胞扩展，卵母细胞发育到 MⅡ期；成熟卵有极体排出；未成熟卵没有极体排出

有丝分裂为着丝点排列在赤道板上）。

（4）MⅡ期（第二次减数分裂中期）。卵母细胞经过第一次减数分裂后排出极体，形成一个初级卵母细胞。到达 MⅡ期后，染色体着丝点整齐排列在赤道板上，该时期的卵子被称为成熟卵子，等待下一步与精子完成受精作用（图 8-1）。

2. 精子获能及体外受精技术

体外受精的前提除了卵母细胞达到成熟阶段外，精子还需要进行体外获能，获能是精子发生在雌性动物生殖道中获得受精能力的一个关键动态变化过程。

　　精子的体外获能一般分为两步。首先需要将采集的精液洗涤，将精液加入相应的洗液内，混匀后离心，离心可以去除杂质、精清、死精子、低活力的精子、冻精保护液及稀释液等；反复洗涤2～3次后取10μL左右稀释1000倍，然后对精子计数，计算精子密度。

　　精子获能方法如下：

　　1）肝素处理法　　研究发现牛的精子在进行体内获能过程中，输卵管内糖胺聚糖（glycosaminoglycans，GAGs）促进精子对Ca^{2+}的吸收，从而诱发顶体反应。肝素是硫酸化程度最高的GAGs，用肝素处理时最佳的浓度控制在10～20μg/mL，处理时间为5～60min，作用机理是肝素与精子顶体帽结合，改变精子膜结构，诱发顶体反应，导致精子获能。

　　2）离子载体法　　研究发现，精子顶体反应依赖Ca^{2+}的存在，利用钙离子载体与Ca^{2+}形成复合物，携带Ca^{2+}进入精子内，诱发顶体反应激活顶体酶，导致精子获能。

　　3）mTBM法　　mTBM（modified Tris-buffered medium）常用于猪精子的获能，研究发现，猪精子密度在$5×10^5～1×10^6$个/mL的时候，受精率最高，将成熟猪卵与获能精子放入mTBM受精滴中6h左右，即可完成体外受精，此方法是目前应用较为广泛的方法之一。

【实验内容】

1. 卵母细胞的体外受精

　　1）卵母细胞的收集及体外成熟　　见实验六。

　　2）精子的准备　　将冻精在37℃水浴中解冻后，取0.25mL精液小心置于含有1.5mL改良的Tyrode's受精液的圆底试管底部，悬浮15min后，活精子上游，然后将上层液吸出，离心洗涤及浓缩一次去上清，留约30μL备用。

　　3）体外受精及培养　　在培养皿中做50μL的受精微滴，覆盖以石蜡油，放入38.5℃，5% CO_2和最大饱和湿度的培养箱中至少平衡1h。用细管机械去除包绕在成熟卵母细胞周围的卵丘细胞。用新鲜洗卵液洗涤卵母细胞2～3次，将洗涤后的卵母细胞放入微滴中，每滴加15～25个卵母细胞，再加2～5μL的精子悬液，使得精子浓度为$1.0×10^6～1.5×10^6$个/mL。将含精卵的培养皿放回 38.5℃，5% CO_2 培养箱中培养 24h，之后吸出受精卵，用胚胎培养液清洗 3 次后移入胚胎培养盘，培养密度为 1 枚胚胎 /2.5μL 培养液。38.5℃、5% CO_2 饱和湿度条件下培养，培养过程中 10h 随机抽取部分卵母细胞检查多精入卵率，可观察第二极体排出；48h 观察卵裂率；7d 观察囊胚，统计囊胚率。猪体外受精培养盘见图 8-2。

图 8-2　猪体外受精培养盘（易康乐，2008）

2. 胚胎发育观察

1）早期胚胎体外培养　　目前家畜早期胚胎培养（*in vitro* cultured embryos，IVC）主要采用成分明确的合成培养液，其中添加不同维生素及氨基酸等物质。猪胚胎培养液目前较为常用的是 PZM-3，由于 PZM-3 相对保质时间长、配置方便、胚胎发育良好，应用更为普遍。

2）早期胚胎各个发育阶段观察

（1）受精卵。当一个获能的精子进入一个成熟卵母细胞的透明带时，受精过程即开始。受精卵初期，可以观察到雌雄两个原核，到卵原核和精原核的染色体融合在一起时，则标志着受精过程的完成。

（2）桑葚胚。受精卵卵裂到形成 32 个卵裂球时，胚胎在透明带内呈实心的细胞团，形似桑葚，称为桑葚胚。

（3）囊胚。随着卵裂的不断进行，卵裂球之间出现一空腔，称囊胚腔，这时的胚胎称囊胚。

猪胚胎发育各个时期典型图见图8-3。

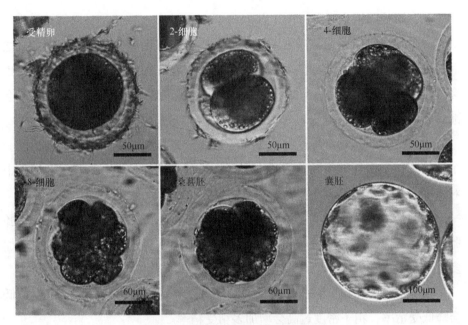

图8-3　猪胚胎发育各个时期典型图

【作业】

1. 个人作业

（1）通过观察和比较，分辨并简述发育至不同阶段的卵母细胞形态结构及生理特征。

（2）绘出卵母细胞成熟后的结构图。

（3）阐释精子获能的重要性。

2. 小组作业

（1）绘制体外受精的流程图，并注明各个步骤的注意事项。

（2）比较处于不同发育阶段胚胎的形态结构特点。

（3）研讨如何提高体外受精率和胚胎发育率。

【实验前测参考答案】

影响体外受精的因素都有哪些？

答：影响因素主要有以下 4 点：

（1）卵母细胞的质量及成熟度。卵子质量直接影响卵子的受精能力及之后的胚胎发育能力，未成熟的卵母细胞无法与精子形成二倍体合子，因此也会影响体外受精。另外，有研究发现猪卵母细胞成熟培养时间延长 4～6h，会减少多精受精。

（2）精液的质量。精液的质量与所选的公畜相关，不同个体，甚至同一个体的不同批次所取得精液质量也会存在显著不同；另外，精液运输过程中对温度的要求较高，同时还要注意防菌。

（3）受精的时间。精子与卵子共同培养的时间会影响受精率及之后的胚胎发育。研究发现，受精时间太短会导致受精率下降，受精时间过长会增加多精受精率。

（4）精子的密度。精卵比例是影响体外受精的重要因素，精子密度过低会降低受精率，精子密度过高会增加多精受精率。

（5）其他因素。除了以上几点因素外，体外受精的培养体系如温度、光照及气相等因素也会影响受精率。

（熊　波）

英 文 拓 展

Vocabulary

- embryogenesis［ˌembrɪəuˈdʒenəsɪs］ n. 胚胎发生（形成）；胚形成
- blastocyst［ˈblæstəsɪst］ n. 胚泡；胚囊

- aneuploidy [ˈænjəˌplɔɪdɪ] n. 非整倍性
- capacitation [kəpæsɪˈteɪʃən] n. 获能
- zygote [ˈzaɪɡəʊt] n. 合子，受精卵
- oocyte maturation 卵母细胞成熟

Oocyte maturation

Oocyte maturation is a complex developmental program that involves cytoplasmic and nuclear changes of oocytes to produce a mature egg that is competent to undergo fertilization and support the initial stages of embryogenesis up to the blastocyst stage.

Meiosis

Meiosis is a special type of cell division that reduces the chromosome number by half, creating four haploid cells, each genetically distinct from the parent cell that give rise to them. This process occurs in all sexually reproducing single-cellular and multicellular eukaryotes, including animals, plants, and fungi. Errors in meiosis resulting in aneuploidy are the leading known cause of miscarriage and the most frequent genetic cause of developmental disabilities.

Sperm capacitation

Sperm capacitation is a critical step during the maturation of mammalian spermatozoa and is indispensable to render them competent to fertilize an oocyte. This step is a biochemical event and the sperm swim normally prior to capacitation. *In vivo*, capacitation occurs after ejaculation, when the sperm leave the vagina and enter the superior female reproductive tract. The uterus aids in the process of capacitation by secreting sterol-binding albumin, lipoproteins, as well as proteolytic and glycosidasic enzymes such as heparin.

In vivo fertilization (IVF)

    In vivo fertilization (IVF) is a procedure of fertilization in which the oocytes and sperm are combined outside the body. The term *"in vivo"* is a Latin term meaning "in glass", as the fertilization and early embryonic development happen in a laboratory dish. After the fertilized oocyte (zygote) undergoes embryonic development for 2-6 days, it is implanted in the same or another female animal's uterus, establishing a successful pregnancy.

实验九

小鼠发情周期观察和超数排卵

【实验前测】

（1）什么是雌性哺乳动物的发情周期？

（2）简述超数排卵技术及其原理。

【学习目标】

（1）能够说出小鼠发情周期及其划分的方法；能够复述小鼠发情周期的观察方法。

（2）掌握小鼠超数排卵的基本原理，应用外源生殖激素处理诱导小鼠超数排卵，了解促卵泡素（FSH）、促黄体素（LH）、马绒毛膜促性腺激素（eCG）和人绒毛膜促性腺激素（hCG）等生殖激素的生物学作用和临床应用。

【实验仪器设备及材料】

1. 仪器设备

显微镜、小棉签、载玻片、体式显微镜、酒精灯、解剖刀、剪刀、镊子、200μm 吸卵针、表面皿、一次性 1mL 注射器（注：所有器械和玻璃器皿均需在前一天消毒灭菌）。

2. 材料

4～6 周龄雌性昆明小鼠、伊红染色液、生理盐水、阴道不同类型细胞图片（幻灯片）、75% 乙醇、生理盐水、PMSG、体外操作液。

【实验原理】

（1）小鼠作为动物胚胎工程应用最广泛、最方便的小动物模型之一，获得大量可操作的胚源是关键环节，因此，稳定的超数排卵方法和技术至关重要。本实验以雌性昆明小鼠为实验材料，通过外部观察法和阴道细胞检查法进行小鼠发情周期观察，确定其发情时期并验证超数排卵的效果，为确定小鼠最佳超排时期，获得更多可操作的胚胎提供依据。

（2）FSH 和 PMSG 可促进卵泡发育，是超数排卵的主要激素；LH 和 hCG 可促进卵泡破裂和排卵，是超数排卵的辅助激素。在雌性动物发情周期的适当时间，注射 FSH 或 PMSG 等激素，使卵巢有更多的卵泡发育，在排卵之前再注射 LH 或 hCG 补充内源性 LH 的不足，可促使多个卵泡成熟、排卵。

【实验内容】

1. 小鼠发情周期观察

1）外部观察法　　观察小鼠外部表现和精神状态，保定后，翻提小鼠尾巴，观察并记录小鼠外阴变化和特点。小鼠不同发情时期外阴部特征见图 9-1。

　　　间情期　　　　　　　　发情前期　　　　　　　　发情中期　　　　　　　　发情末期

图 9-1　不同发情时期外阴部特征

2）阴道细胞检查法　　首先将小鼠保定，用拇指和食指固定小鼠背部皮肤，将小鼠握于掌心，无名指和小指固定尾根，翻提起尾巴暴露其阴道口。进行阴道涂片前观察其外阴的变化并记录其特点。使用高压灭菌的棉签吸取约0.1mL生理盐水滴入阴道口，在生理盐水浸湿后插入小鼠阴门，深度约为1~2mm，生理盐水即被吸入阴道，轻轻转动2~3圈后，取出棉签。在插入和冲洗阴道时，需特别注意不要插入太深，以免刺激宫颈。过度的刺激可诱发假孕，具体可表现为间情期持续长达14d。将采样后的棉签黏液均匀涂抹在载玻片上，待其干燥后，将载玻片放入95%乙醇中固定5min，使用2~3滴伊红染色液染色15min，冲洗载玻片，晾干，在100~400倍镜下进行观察，确定主要的阴道细胞类型，包括白细胞、有核上皮细胞和无核角质化细胞。

3）发情周期的细胞类型

（1）中性粒细胞。中性粒细胞也称为白细胞或多形核细胞。这些细胞呈圆形，非常小，具有多分叶的核。如低倍镜下疑似是中性粒细胞，可以放大倍数观察。通常在高倍镜下，可见浓缩中性粒细胞，有时在涂片的周围可见外观更正常的中性粒细胞。中性粒细胞是相对脆弱的细胞，在收集或处理过程中有时会破裂，需注意观察破裂的中性粒细胞的外观。

（2）小的有核上皮细胞。这些细胞小，圆形到卵圆形，无角化。与大的上皮细胞相比，它们的核与细胞质（N∶C）比率高，核为圆形，细胞质染色为蓝色。通常染色很深或嗜碱性，影响细胞核的显示。发情前期的小上皮细胞偶尔可见小的细胞质空泡。

（3）大的有核上皮细胞。与小的上皮细胞相比，这些细胞更大，核与细胞质（N∶C）比更低。人的有核上皮细胞形状为圆形到多边形，有时有不规则的、锯齿状或有棱角的边界。大的上皮细胞有时会出现一定程度的角化，并具有完整、退化或致密的细胞核。

（4）无核角质化上皮细胞。无核上皮细胞也称为鳞片，是一种老化的细胞，边缘呈锯齿状或角状。这些上皮细胞可以折叠或分裂，形成锯齿状的细长结构。

4）发情周期　　发情周期是指动物一次发情的开始至下一次发情开始所间隔的时间，是一个重复的动态过程。小鼠的发情周期平均为4~5d。在整个发情周期中不同类型细胞呈波状出现和消退，反映了卵泡分泌雌二醇和孕酮水平的变化。光照、年龄、温度、噪声、营养、压力和社会关系等多种因素均会影响动物发情周期的长度。为明确发情周期的时长和阶段，阴道细胞学样本采集需至少连续进行 14d。发情周期阶段划分一般多采用四期分法，包括：发情前期、发情期、发情后期和间情期。

（1）发情前期。雌性动物发情的准备时期。小鼠的发情前期很短，平均不到 24h。小鼠外阴呈粉红色，阴道口张开、周围微肿，有浆液性液体；镜下以有核上皮细胞和白细胞为主。在发情前期早期，啮齿类动物可能会偶尔发现中性粒细胞，大的上皮细胞和角质化的无核细胞数量相对较少。如涂片镜下观察细胞以小而圆的上皮细胞群为主，同时可见少量中性粒细胞或大的无核上皮细胞，这种情况仍认为是发情前期。

（2）发情期。雌性动物性欲达到高潮的时期。小鼠的发情时间为 12～48h。发情母鼠兴奋不安，活动频繁，食欲减退，乳头红晕，频频排尿，外阴充血肿胀、潮湿，阴道口张大，有黏液流出；其特征是镜下存在大量的无核角质化细胞。

（3）发情后期。雌性动物排卵后黄体开始形成的时期。小鼠的发情后期可持续 24h。小鼠外阴略显肿胀，阴道口紧闭或部分关闭，呈淡白色；镜下发现成团或成片的无核角质化细胞、少量白细胞和有核上皮细胞。

（4）间情期。黄体活动的时期，又称休情期。小鼠间情期平均持续时间为 48～72h。小鼠活动正常，外阴无明显变化，阴道口紧闭，肉眼观察阴道分泌物水平很低；这一阶段的特征是镜下发现大量白细胞，无核角质化细胞数量显著减少，有核上皮细胞数量逐渐增多。

发情周期不同阶段小鼠阴道脱落细胞涂片见图 9-2，小鼠不同发情时期阴道上皮细胞变化见图 9-3。

2. 小鼠的超数排卵

1）实验分组　　取健康雌性小鼠 8 只，随机分为 2 组，即对照组和超排组，每组 4 只。

2）实验方法

（1）向超排组小鼠腹腔注射 PMSG 10IU/ 只，对照组小鼠腹腔注射等量生理盐水。

（2）卵巢采集及卵泡计数。注射 PMSG 48h 后，颈部脱臼法处死小鼠，

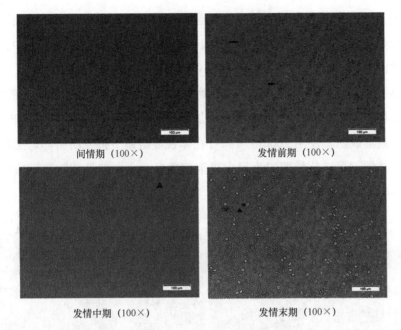

间情期（100×）　　　发情前期（100×）

发情中期（100×）　　　发情末期（100×）

图 9-2　发情周期不同阶段阴道脱落细胞涂片

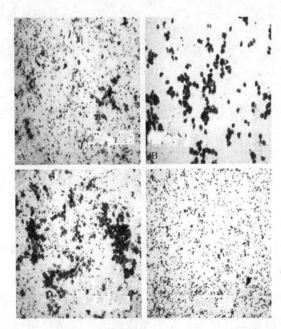

图 9-3　不同发情时期阴道上皮细胞变化（傅文栋等，2005）

A. 发情前期；B. 发情期；C. 发情后期；D. 间情期

腹部朝上平放小鼠，腹部消毒后打开腹腔，取出两侧卵巢，去除卵巢周围的输卵管和脂肪，使用体外操作液清洗 2～3 次后，将卵巢置于操作液中，在体视显微镜下进行卵泡计数，比较两组小鼠卵泡数量。

（3）卵母细胞的获取。在体视显微镜下，刺破卵巢表面所有的有腔卵泡，挤压出卵母细胞，在此过程中不断添加操作液，并轻微振荡，防止卵丘 - 卵母细胞凝集成团。使用 200μm 吸卵针在体视显微镜下拣取所有卵母细胞，分别计数并做记录，比较两组小鼠卵母细胞数量。小鼠卵母细胞镜下检测视野见图 9-4。

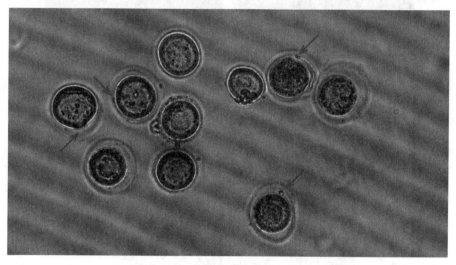

图 9-4　小鼠卵母细胞（箭头处为极体）

【作业】

1. 个人作业

通过观察和比较，简述小鼠发情周期不同阶段的特征和辨别方法。

2. 小组作业

研讨促卵泡素（FSH）、促黄体素（LH）、孕马血清促性腺激素（PMSG）和人绒毛膜促性腺激素（hCG）等生殖激素的生物学作用和临床应用，绘制表格梳理总结。

【实验前测参考答案】

（1）什么是雌性哺乳动物的发情周期？

答：当发育到初情期后，雌性动物就进入了周而复始的繁殖期，每个繁殖期包括发情、排卵、黄体形成与退化，或发情、排卵、受精、妊娠、分娩及分娩后性行为等一系列事件，即进入了发情周期。发情周期是从发情开始，到下一次发情开始结束，能够为雌性动物提供多次交配与妊娠机会的现象。总的说来，交配发生在发情周期中的较早时间，一般在排卵之前，如果此次交配没有妊娠，则下一次发情就重新开始，雌性动物又有新的交配与妊娠的机会，如果受精，雌性动物就会进入发情停止期，直到分娩结束，子宫恢复正常，因此，发情周期贯穿于成年雌性动物的一生。

发情周期受环境、遗传、生理、激素、人类行为等因素的影响而改变。如果营养条件不能满足雌性动物的需求，发情周期可能延长或停止；另外，生殖道病理状况如子宫感染、持久黄体或木乃伊胎儿也可能引起不发情。对于长期不发情的动物，可以通过改善营养、环境等因素进行调控，但是在生产上，通常是在受精与妊娠能力下降之前就被出售或屠宰。

（2）简述超数排卵技术及其原理。

答：超数排卵是指在动物发情周期的适当时期，应用外源性促性腺激素（如 FSH、LH、PMSG 等）诱导卵巢上比在自然情况下有较多的卵泡发育并排卵的方法，简称超排。

原理：动物卵巢上卵泡的发育受到 FSH 和 LH 的影响，FSH 能促进卵泡颗粒细胞加速有丝分裂并分泌卵泡液，有利于卵泡腔的形成。LH 可使优势卵泡增加雌二醇的分泌以及恢复卵母细胞减数分裂。成熟卵泡分泌 PGF2α，促进了卵泡膜细胞释放胶原酶溶解局部组织，出现排卵过程。在自然条件下，约有 99% 的有腔卵泡发生闭锁、退化，仅有 1% 的成为优势卵泡，能发育成熟。在卵巢上的有腔卵泡闭锁前，应用 FSH 和 LH 或 PMSG 可使大量的卵泡发育成熟并排卵。超数排卵可促进动物尤其是单胎动物有较多的卵母细胞发育成熟并排出，利用卵巢上卵母细胞资源可以进行动物繁殖技术研究和应用、发挥动物繁殖潜力、提高动物繁殖效率及加速品种改良。在畜牧生产中，肉牛、绵羊和山羊怀双胎，一些裘皮羊怀多胎，提高母猪的产仔数以及对需要高质量的卵子和实施显微操作时等，均可利用超排技术。

（王　军）

英文拓展

Vocabulary

- puberty［'pju:bəti］　n. 初情期
- proestrus［prəu'estrəs］　n. 发情前期
- estrus［'estrəs］　n. 动情期，发情期
- metestrus［met'i:strəs］　n. 动情后期，后情期
- diestrus［'dɪstrəs］　n. 间情期
- superovulation［'sju:pə］　n. 超数排卵
- oestrus cycle 发情周期

Oestrus cycle

After the female animal reaches puberty period, a series of periodic changes occur in the body, especially reproductive organs, and those periodic changes repeat cyclically until the age of sexual function ceasing. This cycle stops temporarily when the animal is pregnant or seasonal reproductive animal is in the non-estrus season.

Different stages of oestrus cycle

- Proestrus: The corpus luteum of the last oestrus cycle further degenerates, and new follicles on the ovary begin to develop. Estrogen begins to secrete, increasing the blood supply in genital meatus. The vagina and vaginal mucosa are slightly hyperemic. Glandular secretion activity increases and vaginal mucosal epithelial cells proliferate.

- Estrus: Female animals are willing to receive mating of male animals, and follicles develop rapidly. Increasing secretion of estrogen stimulate the genital meatus strongly, so that the vagina and the vulva mucosa are obviously congested and swollen. There is a transparent and thin liquid on the cervix. Most female animals will ovulate at the end.

- Metestrus: Female animals gradually turn into quiescence from intense sexual desire. After the follicle ruptures and ovulates, the secretion of estrogen reduces significantly, and the corpus luteum begins to form and secrete progesterone to act on the genital meatus, causing the congestion and swelling to gradually subside. The endometrium gradually thickens and the cervical duct muscles begin to contract. Glandular secretion activity is reduced and mucus secretion is less and thicker, and vaginal mucosal epithelial cells are shed.

- Diestrus: Female animal sexual desire completely stopped, mental state returned to normal. In the early stage of diestrus, the corpus luteum continues to develop, secreting more progesterone on the uterus to thicken the uterine mucosa. The uterus gland develops rapidly, becoming large and curved with many branches, whose role is to produce uterine milk to provide nutrients for embryonic development. If the egg is fertilized, this process will continue and the animal will be no longer on estrus.

Superovulation

At the appropriate time of the oestrus cycle, the exogenous reproductive hormones are used to enhance the physiological activity of the ovary and stimulate multiple follicles to mature and ovulate in one oestrus cycle. In this way, follicles can discharge more oocyte, resulting in more embryos.

Superovulation is an important estrus regulation technique and a key part of the practical application of embryo transfer.

PCR 方法进行早期胚胎的性别鉴定

【实验前测】

（1）什么是性别决定？

（2）生殖嵴的分化受什么控制？

【学习目标】

能够利用 PCR 方法进行早期胚胎的性别鉴定。

【实验仪器设备及材料】

1. 仪器设备

普通 PCR 仪、微波炉、电泳仪、凝胶成像仪、旋涡混合器、离心机。

2. 材料

牛卵母细胞、早期胚胎以及公牛毛囊细胞、r*Taq* DNA 聚合酶、DNA 标记（DNA Marker）、脱氧核苷三磷酸（dNTP）、PCR 缓冲液（PCR buffer）、琼脂糖、蛋白酶 K、随机引物、常染色体引物 BSP、性染色体引物 BY、ddH_2O、1×TAE 电泳缓冲液、EB。

【实验原理】

根据 *SRY* 基因序列合成一对引物，通过 PCR 反应对早期胚胎进行性别鉴定，通过检测 *SRY* 基因条带的有无，判定该枚胚胎是雄性或雌性。在科学研究中，用这种方式检测性别可以筛选所需性别的实验胚胎，在生产实践中亦能够帮助养殖者充分利用胚胎资源得到特定性别的后代，以获得更高的经济效益。

【实验内容】

1. PCR 前样品的处理

（1）在装有胚胎及毛囊样品的离心管中加入 3.5μL 的蛋白酶 K。

（2）用 PCR 仪进行变性，55℃、30min 将细胞裂解，98℃、10min 使蛋白酶 K 失活。

2. 模板扩增

（1）在 PCR 反应管中依次加入表 10-1 中各物质，混合均匀。

表 10-1　PCR 反应体系（一）

样品	体积（μL）
细胞裂解液	10
10×PCR buffer	2.5
dNTP	2.0
随机引物	1.0
r*Taq*	0.5
ddH$_2$O	9.0
合计	20

（2）按照下列反应条件：预变性 95℃、3min；变性 94℃、30s，复性 37℃、30s，延伸 52℃、30s，45 个循环；延伸 52℃、10min，将模板进行扩大。

3. 多重 PCR

（1）在 PCR 反应管中依次加入表 10-2 中各物质，混合均匀。

表 10-2　PCR 反应体系（二）

样品	体积（μL）
上一步骤终产物	10
10×PCR buffer	2.5
dNTP	2.0

续表

样品	体积（μL）
BSP 上下游引物	1.0
BY 上下游引物	1.0
rTaq	0.5
ddH$_2$O	8.0
合计	20

（2）按照下列反应条件：预变性 95℃、3min；变性 94℃、30s，复性 52℃、30s，延伸 71℃、30s，35 个循环；延伸 71℃、10min 进行 PCR 扩增。

4. 胚胎性别鉴定

（1）配制 2% 琼脂糖凝胶。

（2）取上一步骤中的 PCR 产物 5μL 进行琼脂糖凝胶电泳。

（3）电泳结束后紫外拍照观察。

性别鉴定标准：出现 300bp 条带为雄性胚胎，只有 538bp 条带为雌性胚胎。

体外生产牛胚胎 PCR 扩增产物电泳图见图 10-1。

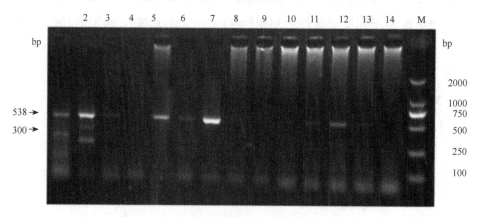

图 10-1　体外生产牛胚胎 PCR 扩增产物电泳图

M．DL2000 DNA Marker 标准分子质量；1～14．PCR 产物，其中 1、2、12 号泳道结果为雄性，其他为雌性

【作业】

1. 个人作业

列出 PCR 方法进行早期胚胎性别鉴定操作中应注意的问题并提出解决方案。

2. 小组作业

研讨并总结早期胚胎性别鉴定的不同方法，绘制表格比较其优劣及适用条件。

【实验前测参考答案】

（1）什么是性别决定？

答：哺乳动物在发育过程中要经历初级性别决定和次级性别决定。初级性别决定是指性腺的决定，它是严格的性染色体决定，不受环境影响。次级性别决定影响性腺以外的个体表现型。

（2）生殖嵴的分化受什么控制？

答：生殖嵴的分化受 Y 染色体断臂的 *SRY* 基因控制，通常胚胎基因组中有 *SRY* 基因时分化为睾丸，无 *SRY* 基因则形成卵巢。

（李万宏）

英文拓展

Vocabulary

- determination［dɪˌtɜːmɪˈneɪʃn］ n. 决定；查明
- differentiation［ˈdɪfəˈrenʃɪˈeɪʃn］ n. 区别，分化
- homogametic［həʊməʊɡəˈmetɪk］ n. 同型配子的
- chromosome［ˈkrəʊməsəʊm］ n. 染色体
- sex-determining region 性别决定区

Sex determination and differentiation

Mammalian species rely on genetic factors to determine sex. In eutherian mammals, heterogametic chromosomes determine sex. Homogametic individuals-those possessing two X chromosomes are genetically female, while heterogametic individuals possessing one X and one Y chromosome are male. This is due to the presence of a single gene on the Y chromosome, *SRY* (Sex-determining region on the Y chromosome), which is necessary and sufficient to determine male development. *SRY* activates the expression of *SRY*-related HMG box-containing gene 9 (*SOX9*) within the male gonad. *SOX9* expression leads to the differentiation of Sertoli cells, which then direct the differentiation of other male-specific cell lineages within the gonad.

主要参考文献

傅文栋，孙玉成，索伦，等．2005．小鼠发情周期观察与最佳超排时期的确定．北京农学院学报，20（2）：19-21.

王峰，王元兴．2003．牛羊繁殖学．北京：中国农业出版社．

王峰，张艳丽．2017．动物繁殖学实验教程．北京：中国农业大学出版社．

杨利国．2010．动物繁殖学．北京：中国农业出版社．

杨利国．2015．动物繁殖学实验实习教程．北京：中国农业出版社．

易康乐．2018．Figla 和 BDNF 对猪和牛卵母细胞及早期胚胎生长发育的影响．长春：吉林大学博士学位论文．

张嘉保，田见晖．2011．动物繁殖理论与生物技术．北京：中国农业出版社．

张忠诚．2004．家畜繁殖学．北京：中国农业出版社．

周虚，2015．动物繁殖学．北京：科学出版社．

周虚，张嘉保，田允波，柏学进．2003．动物繁殖学．长春：吉林人民出版社．

朱士恩，曾申明．2011．家畜繁殖学．5 版．北京：中国农业大学出版社．

Hafez E S E, Hafez B. 2000. Reproduction in Farm Animals. 7th ed. Hoboken: Wiley-Blackwell.

Richards J S, Pangas S A. 2010. The ovary: basic biology and clinical implications. The Journal of Clinical Investigation, 120 (4): 963-972.

Zhang Y, Wang T, Lan M, et al. 2018. Melatonin protects oocytes from MEHP exposure-induced meiosis defects in porcine. Biol Reprod, 98 (3): 286-298.